生成式人工智能

AIGC的逻辑与应用

丁磊 / 著

中信出版集团 | 北京

图书在版编目（CIP）数据

生成式人工智能：AIGC 的逻辑与应用 / 丁磊著 . --
北京：中信出版社，2023.5
ISBN 978-7-5217-5599-2

Ⅰ . ①生… Ⅱ . ①丁… Ⅲ . ①人工智能 Ⅳ .
① TP18

中国国家版本馆 CIP 数据核字（2023）第 061483 号

生成式人工智能——AIGC 的逻辑与应用
著者：　　丁磊
出版发行：中信出版集团股份有限公司
（北京市朝阳区东三环北路 27 号嘉铭中心　邮编　100020）
承印者：　北京利丰雅高长城印刷有限公司

开本：880mm×1230mm　1/32　　印张：8.75　　字数：185 千字
版次：2023 年 5 月第 1 版　　印次：2023 年 5 月第 1 次印刷
书号：ISBN 978-7-5217-5599-2
定价：69.00 元

服务热线：400-600-8099
投稿邮箱：author@citicpub.com

目 录

第四章 商业落地：AIGC 的产业应用与前景

第五章 主动还是被动？决胜 AIGC

前　言

人从出生开始，就在不断通过视觉、听觉、嗅觉、味觉、触觉等各种方式认识这个世界。我们通过不停地与外界接触、学习，逐渐长大成人，再通过专业课程的学习在某些方面获得一技之长从而立足于社会，并试图改造世界。

“硅基”AI（人工智能）也按照类似的模式成长，但是相比于“碳基”人，它在速度方面极具优势。AI 经历了从最初的机器学习到神经网络，再到 Transformer 模型的发展，2022 年底 ChatGPT 以及 2023 年初 GPT-4 横空出世，引燃了公众对生成式 AI 的关注，其中最让人激动的就是 AI 大模型已经初步具备了人类的通识和逻辑能力——这恰恰是之前的 AI 所缺失的。此前，无论是 AlphaGo 还是 AlphaFold，最多只能称作其各自领域的“专家”，而 ChatGPT 是通用的。

正如 OpenAI 首席科学家、ChatGPT 背后的技术大佬伊利亚 · 苏茨克维（Ilya Sutskever）所说，GPT（生成式预训练模型）学习的是"世界模型"。他将互联网文本称作世界的映射，因此，将海量互联网文本作为学习语料的GPT学习到的就是整个世界。在我们认识世界的同时，GPT模型也以惊人的算力，快速地获取我们数年甚至数十年才能拥有的认知，即将成为一个接近成年人思维水平的"世界模型"。

不仅如此，已具备了"世界模型"能力的GPT还能够生成"万物"。当然，如苏茨克维所说，这里的万物指的是世界万物在数字空间的映射，包括文本、图片、音频、视频、剧本、代码、方案、设计图等一切和我们生产、生活息息相关的事物。因为GPT模型在一定程度上可能已经具备了成年人的通识和逻辑，所以我们只需要拿特定专业领域的数据对其再做训练（称为"微调"），它就可以成为独当一面的专业人才，可能成为艺术家、设计师、程序员、工程师或广告优化师、供应链专家、客服人员等。这也许就是生成式AI或者说AIGC（AI generated content，人工智能生成内容），带给我们的核心价值。

在AI技术大爆炸的今天，生成式AI处在高速发展阶段，技术和应用领域日新月异，因此我们非常有必要系统地了解生成式AI。在这样的背景下，本书将系统介绍生成式AI的原理与模型，同时也将对其在行业场景中的应用展开论述，将理论和实际相结合，让大家从本源上了解ChatGPT里程碑式存在的意义。结合作者二十余年AI领域研究与工作的经验，本书会为读者指明方向。尤其值得一提的是，本书既在理论上解释了数字媒体即虚拟世界的生成式 AI，又探讨了生成式 AI 如何服务和赋能实体经济。在当前的存量经济时代，通过生成式 AI 重新定义生产力，助力行业更新发展，在存量里促增长，具有尤为重要的意义。

如图 0–1 所示，我们用图表明本书所覆盖的知识领域：X 轴是生成式大模型的维度，对应的是第二章“AIGC 的底层逻辑”，我们将了解“用什么去生成”；Y 轴是数字媒体形态的维度，对应的是第三

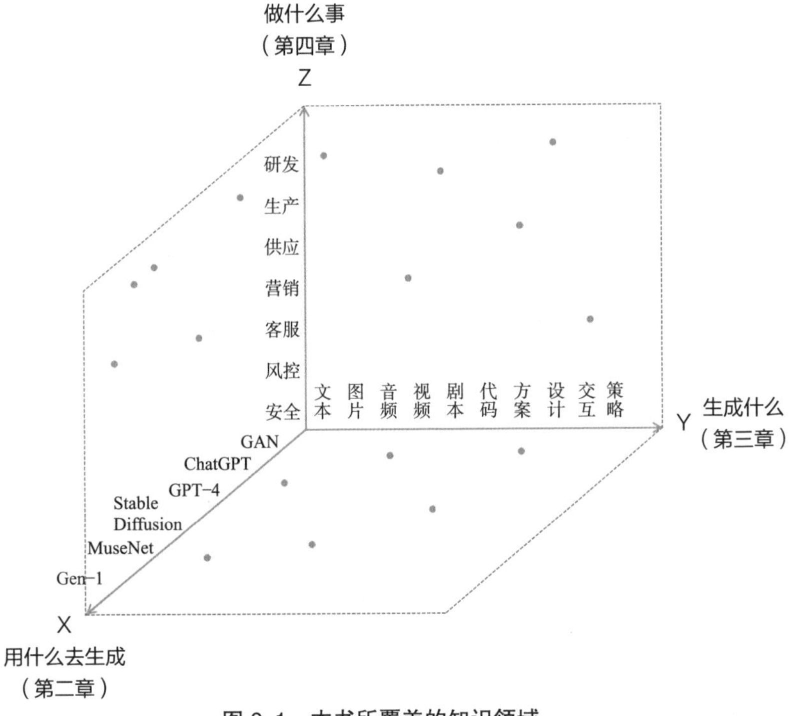

图 0–1 本书所覆盖的知识领域

章“功能分析：AIGC 能生成什么内容？”，我们将了解生成式 AI 能“生成什么”；Z 轴是行业职能的维度，对应的是第四章“商业落地：AIGC 的产业应用与前景”，我们将了解用生成式 AI 可以“做什么事”。三个轴所形成的空间里的每个点都有其特定含义，例如：通过 GPT-4 模型生成代码用在生产上，通过 Stable Diffusion 模型生成图片用在营销上。除了这三章，第一章会带领读者初识生成式 AI，第五章则探讨生成式 AI 是否会取代大量的工作岗位，以及我们应该如何主动应对。

希望任何一个不想在生成式 AI 时代落伍的人，在阅读本书之后，都能理解生成式 AI 的底层逻辑和实际应用，也希望本书对他们的工作和生活有所助益。“万物皆可生成”的时代已经来临，理解 AI、训练 AI、使用 AI，甚至和 AI 一起工作，对每个人来说或将无法避免。未来已来，让我们一起出发！

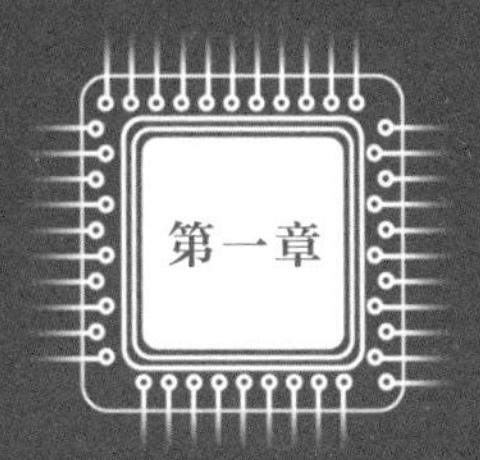

初识生成式人工智能

现象级产品ChatGPT的横空出世带火了AIGC和它背后的生成式AI，让不少人对使用AI工具跃跃欲试。在本章，我们会一起进入AI的产业国度，从决策式AI跃迁至生成式AI，对比这两种人工智能模型的异同，深度挖掘它们的应用场景和商业潜力，同时还会探讨“内容皆可生成”的生成式AI及其核心价值。在概览生成式AI后，我们会把视角转向具体工具，深入解析大众已经熟知的ChatGPT，了解这项“奇妙工具”背后的原理和发展历程。若你对生成式AI一知半解，可以在本章的内容中初步认识它，也能了解到近期最值得关注的生成式AI工具。

纵观 AI 产业版图

如果要选出 2023 年最热的几个话题，ChatGPT 一定榜上有名。2023 年初，ChatGPT 席卷全球并成为流量热点，人们都在前赴后继地挖掘 ChatGPT 的各种潜能，探讨其未来发展趋势，甚至是与人类的关系。作为“人工智能家族”的大热应用，以 ChatGPT 为首的各大人工智能应用开始被越来越多的人关注，也引发了人们的更多思考。

人工智能技术被称为当代三大尖端技术之一，近年来在人们生活中的“存在感”也越来越强，这都是产业飞速发展的结果。想要清晰地了解以 ChatGPT 为代表的新兴智能技术，完整地认识人工智能，我们可以先从其产业版图的发展和现状入手。

其实，人工智能的发展、传播和被接受是经过了一段漫长的寒冬的。十多年前，它还只是一个不被人看好的小众领域，但是现在，它却已经成了街头巷尾的热点谈资，几乎任何事情都可以和人工智能联系在一起。短短十多年间，世界发生了天翻地覆的变化，新数据不断涌现，各种问题层出不穷，直到现在，人工智能的春天才算是真的到来了，各个领域都急需人工智能的帮助。这也是为什么人工智能的行业应用范围如此广阔，人工智能市场更是如一块一望无际的辽阔土地，有待进一步开发。如图 1-1，这是一份人工智能的行业应用版图，不同的行业领域（零售、金融、医疗和教育等）与不同的职能方向（营销、风控和安全等）共同构成了一个人工智能应用矩阵，对于每个行业中的相关职能，人工智能都可以找到应用场景，例如在零售行业的供应链、营销、客服等方面以及金融行业的研发、营销、客服、风控等方面都已经有人工智能落地实践（图中蓝色表示）。但是，现在的人工智能只填充了广阔的行业领域中的一部分，还有更多没尝试和拓展的行业以及职能中的应用场景。

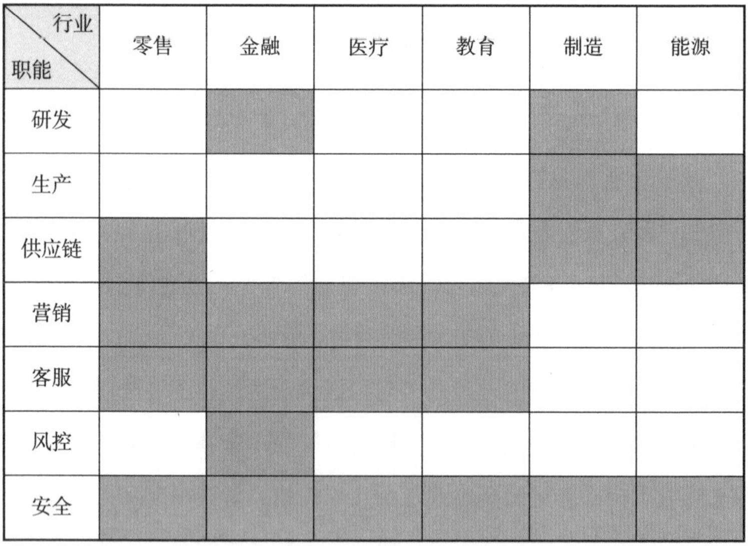

行业 职能	零售	金融	医疗	教育	制造	能源
研发						
生产						
供应链						
营销						
客服						
风控						
安全						

图 1-1　人工智能的行业应用版图

从产业的视角来看，人工智能包括基础层、技术层和应用层。其中，基础层是人工智能产业的基础，为人工智能提供数据及算力支撑；技术层是人工智能产业的核心，主要包括各类模型和算法的研发和升级；应用层则是人工智能面向特定场景需求而形成的软硬件产品或解决方案。那么，人工智能的产业规模发展至何种程度了呢？英国德勤（Deloitte）的报告中预测，世界的人工智能产业规模会从2017年的6900亿美元增长至2025年的64 000亿美元，2017—2025年的复合增长率将达到32.10%，整体呈现出飞速攀升的趋势。另外，人工智能近几年成了各个行业在进行投资的热门选择。人工智能完全称得上是风头正劲，受万人追捧，为经济带来了十分显著的增量。

在产业应用上，人工智能发展到今天，我们能看到其在各个行业都有用武之地：制造业、零售业、金融业、医疗卫生行业……它在一定程度上改变了组织的运转方式，使其可以更快更好地解决遇到的问题，并压低各类成本。站在消费者的角度，人工智能的出现也为广大的用户群体带来了更多的选择。总的来说，人工智能可以看作一块已开始被打磨的原石，露出了它璀璨的一角，它在推动世界经济发展的同时，也将深层次地改变人类的生活。为了进一步了解AI产业版图，下面我们从两种不同的AI——决策式AI和生成式AI谈起。

决策式AI和生成式AI

人工智能可从不同的维度进行划分。如果按其模型来划分（人工智能是由模型支撑的）可以分为决策式 AI 和生成式 AI。

决策式 AI（也被称作判别式 AI）学习数据中的条件概率分布，即一个样本归属于特定类别的概率，再对新的场景进行判断、分析和预测。决策式 AI 有几个主要的应用领域：人脸识别、推荐系统、风控系统、其他智能决策系统、机器人、自动驾驶。例如在人脸识别领域，决策式 AI 对实时获取的人脸图像进行特征信息提取，再与人脸库中的特征数据匹配，从而实现人脸识别。再例如，决策式 AI 可以通过学习电商平台上海量用户的消费行为数据，制订最合适的推荐方案，尽可能提升平台交易量。

生成式 AI 则学习数据中的联合概率分布，即数据中多个变量组成的向量的概率分布，对已有的数据进行总结归纳，并在此基础上使用深度学习技术等，创作模仿式、缝合式的内容，相当于自动生成全新的内容。生成式 AI 可生成的内容形式十分多样，包括文本、图片、音频和视频等。例如，我们输入一段小说情节的简单描述，生成式 AI 便可以帮我们生成一篇完整的小说内容；再例如，生成式 AI 可以生成人物照片，而照片中的人物在现实世界中是完全不存在的。如图 1-2，它展示的是国外一个网站生成的“不存在的人”的照片。

总的来说，不管是哪种类型的模型，它的基础逻辑是一致的：AI 模型从本质上来说是一个函数，要想找到函数准确的表达式，只靠逻辑是难以推导的，这个函数其实是被训练出来的。我们通过喂给机器已有的数据，让机器从数据中寻找最符合数据规律的函数。所以当有新的数据需要进行预测或生成时，机器就能够通过这个函数，预

图 1-2 “不存在”的人

图片来源：https://generated.photos/faces

测或生成新数据所对应的结果。

决策式 AI 和生成式 AI 作为 AI 模型的两个主要分支，顾名思义，在诸多方面都有相异之处。

从宏观角度来看，决策式 AI 是一种用于决策的技术，它利用机器学习、深度学习和计算机视觉等技术来处理专业领域的问题，并帮助企业和组织优化决策。而生成式 AI 则是一种用于自动生成新内容的 AI 技术，它可以使用语言模型、图像模型和深度学习等技术，自动生成新的文本、图片、音频和视频内容。因此，决策式 AI 可以说是在对人类的决策过程进行模仿，但生成式 AI 就聚焦在创作新内容上。

而从微观上看，这两类技术的区别就更加明晰了，我们就从技术路径、成熟程度、应用方向这三个角度来挖掘其深层次的不同（表1–1）。

表 1–1　决策式 AI 和生成式 AI 的对比

	决策式 AI	生成式 AI
技术路径	将数据分类打标签，从而区分不同类别的数据，例如区分猫和狗的图片	分析归纳已有数据后生成新的内容，例如生成逼真的狗的图片
成熟程度	底层技术相对成熟，在各领域有广泛的商业应用	2014 年开始迅速发展，近期呈指数级爆发，并且出现多个现象级应用
应用方向	人脸识别、推荐系统、风控系统、机器人、自动驾驶等	内容创作、人机交互、产品设计等

从技术路径来看，决策式 AI 的主要工作是对已有数据“打标签”，对不同类别的数据做区别，最简单的例子如区分猫和狗、草莓和苹果等，干的主要是“判断是不是”和“区分是这个还是那个”的活儿。生成式 AI 就不一样了，它会在归纳分析已有的数据后，再“创作”出新的内容，如在看了很多狗的图片后，生成式 AI 再创作出一只新的狗的图片，实现“举一反三”。

从成熟程度看，决策式 AI 的应用更为成熟，已然在互联网、零售、金融、制造等行业展开应用，极大地提升了企业的工作效率。而生成式 AI 的“年岁更小”，2014 年至今发展迅猛，堪称指数级的爆发，已在文本和图片生成等应用内落地。

从应用方向来看，决策式 AI 在人脸识别、推荐系统、风控系统、机器人、自动驾驶中都已经有成熟的应用，非常贴合日常生活。生成式 AI 则在内容创作、人机交互、产品设计等领域展现出巨大潜力。

我们来举一些生活中的例子，以更深入地了解两者在日常生活中的应用。喜欢购物的读者都知道，你在购买某一类产品后，购物平台会自动给你呈现诸多同类或相关商品。这件事的背后就是，电商平台会根据用户常看的商品，剖析用户和商品的关联，从而有针对性地为用户推荐内容，而这项功能就应用了决策式 AI 技术。从 2003 年开始，亚马逊就将此技术应用到了电商领域，推荐的商品精准地匹配用户需求，可以极大地降低用户的搜索次数，并因此增加产品的销售额。由此你可能会发现，平台似乎比你更清楚你需要什么，自然而然，自己的消费额也跟着上去了。平台也凭借这个功能，让更多用户心甘情愿地掏了腰包，来获取更广阔的商业价值。

根据行业数据统计，在亚马逊的收入中约有 40% 来自个性化推荐系统，而推荐系统每年能给网飞（Netflix）带来 10 亿美元以上的产值。除了电商平台，新闻、音乐、视频等平台，也会利用个性化推荐系统为用户推荐内容，在剖析用户的长期兴趣和短期兴趣后，将精细化内容推送给用户，并可以通过对用户的停留、观看时间、点赞、收藏等行为特征的实时分析，精准刻画出用户画像，减少人工运营的介入，显著提升用户黏性，这已将人工智能的价值凸显无遗。在自动驾驶领域，AI 可进行智能分析、识别路况，渗透率稳步提升。自动驾驶汽车可以借助决策式 AI 技术，分析判别各种路况，对多种物体进行识别与跟踪，提升行车安全。无须人工干预的自动驾驶汽车虽然现在并不成熟，但随着技术的迭代升级，有望获得更大的市场潜力。

对于生成式 AI，ChatGPT 的出现让我们对其有了冲击式的关注和理解。因生成式 AI 功能强大、应用范围广泛，文字、图片、音视频内容相关的从业者在面对“强大助手”上线时，也会感觉到焦虑，恐被其取代。从可能性来讲，它可以进行文字生成语音、图像智能编辑、视频智能剪辑、文字续写或纠错等十分多样的工作，让大家摆脱机械劳动，把时间花在创意性工作上，给文字作者、翻译人员、插画师、视频剪辑师等带来极大的支持。不仅如此，生成式 AI 还能胜任部分由设计师、程序员甚至专业工程师从事的设计与编程类工作，在提升工作效率的同时让这些专业人士更能发挥所长，减少在初级工作上的时间投入。与此同时，生成式 AI 对于从业人员的素质和技能，也提出了新的要求。总的来说，决策式 AI 和生成式 AI 均可以帮助用户推进部分工作，如事件决策、创作内容等。可以说，人工智能的合理利用有助于提升客户体验，帮助企业降本增效，并抓住新的商业机会。

如前文所述，数据和模型分属人工智能产业的基础层和技术层，无论是决策式 AI 还是生成式 AI 的应用都离不开数据和模型，下面我们进一步了解“大数据”和“大模型”是如何重塑人工智能版图的。

从大数据到大模型

无论是决策式 AI 还是生成式 AI，以其现在的功能和潜力，都能为人类做很多工作，未来甚至有点万能，那么这么万能的技术，是怎么被“训练”出来的呢？这就要说到大数据了，决策式 AI 和生成式 AI，其实都离不开用大量数据来训练模型。

对于大数据，大众已经比较熟悉。顾名思义，大数据指的是海量的数据，但大数据并没有看上去这么简单，它还有多样性和高速增长的特性。图 1-3 展示了从 2017 年到 2025 年全球数据总量的增长趋势及预测情况。收集、存储、处理和分析各种形式和来源的大数据，可以帮助企业和组织迅速获得有价值的信息，并做出正确的决策，它还可以用于商业活动的改善，如此能提升工作效率，降低工作成本，并推动企业实现更大的增长。就如人类通过经历各类事件来积累经验一般，在人工智能领域，我们通过大量的数据来训练模型。

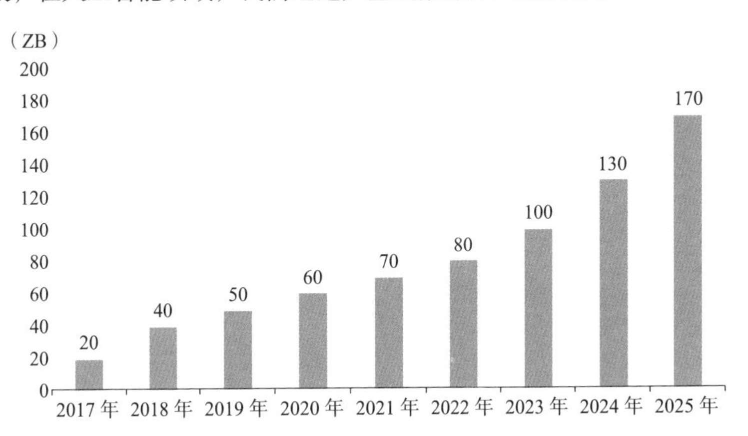

图 1-3　2017—2025 年全球数据总量增长趋势及预测情况

数据来源：国际数据公司发布的白皮书《数据时代 2025》

而随着深度学习的落地和发展，模型本身所需的存储空间在近年有了显著增长，最初的 GPT 就有 1.17 亿个参数，ChatGPT 有 1750 亿个参数，最新的 GPT-4 参数数量更多，有报道称可能达到 1T（即 10 000 亿），但 OpenAI 公司其实并没有公布具体的参数数量，这些拥有海量参数的模型都被称为“大模型”。如图 1-4，它展示了大模型参数数量变化趋势。这里我们提到了深度学习，这是一种受人脑的生物神经网络机制启发，并模仿人脑来解释、处理数据的机器学习技术，它能自动对数据进行特征提取、识别、决策和生成。你可能觉得这个词有点耳熟，其实它大规模地应用于自然语言处理（NLP）、计算机视觉、机器翻译等领域。深度学习的出现，为很多领域的工作带来了前所未有的精度和效率。人工智能行业也因深度学习收获了前所未有的发展速度，整个人工智能领域的发展都曾被它带动。

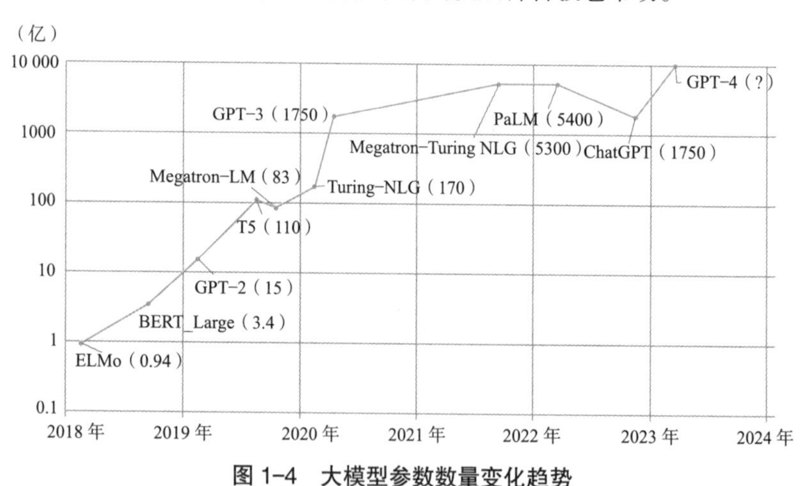

图 1-4　大模型参数数量变化趋势

大模型能分析处理海量的数据，在解决问题上取得更好的效果。

本书的“主角”生成式 AI 就是大模型的产物。近年来，大模型在越来越多的行业和消费类应用中崭露头角，原因主要是它能够迅速有效地处理海量的数据，帮助个人和企业提升效率。大模型与人工智能技术相辅相成，随着人工智能技术的发展，大模型也会持续发展进步。另外，生活中日益普及的 5G 网络和弹性计算等基础设施，也会给大模型的发展创造更多可能性，使其成为不可或缺的内容生成工具。

生成式 AI 市场格局

2021 年，高德纳咨询公司（Gartner）就曾预测，至 2023 年将有 20% 的内容被生成式 AI 创建，至 2025 年生成式 AI 产生的数据将占所有数据的 10%（2021 年不到 1%）。2022 年 9 月，红杉资本官网发布的文章《生成式 AI：充满创造力的新世界》预测，生成式 AI 将产生数万亿美元的经济价值。据预测，2025 年，国内生成式 AI 应用规模有望突破 2000 亿元，国内传媒领域应用空间超 1000 亿元。而且，生成式 AI“八面玲珑”，它的应用场景十分广泛，目前不仅应用于文本、图片、音视频、游戏等数字媒体，还可以应用于制造业、建筑业等实体行业。

在文本生成方面，生成式 AI 可以通过语言模型、神经网络和深度学习技术，快速创建大量有助于改善客户体验的内容，如新闻资讯、剧本、营销文本、智能客服等。其中作为经典应用的 AI 生成营销文本、智能客服等都已在许多行业广泛地应用；AI 生成新闻资讯和剧本等功能大家也可以期待一下，或许以后结合了 ChatGPT 等突破性的模型，文字性工作真的能依靠它变得轻松不少。

在图片生成方面，生成式 AI 可以通过计算机视觉来分析图片，生成营销素材、设计方案和艺术作品等，帮助节省人力成本和时间。另外，生成式 AI 还能在音频生成、视频生成和跨模态生成领域大展拳脚。

在音频生成方面，生成式 AI 可以帮助使用者更好地分析、编辑和生成音频文件，从而帮助创作出优秀的音频作品。例如，克隆真人的语音、文本生成特定语音、作曲编曲等，生成式 AI 都能代替人类去做，并均已经广泛应用于市场。

视频生成也是生成式 AI 的重要应用，它可以帮助使用者生成高质量的视频，如检测和删除特定片段、跟踪剪辑、生成特效、合成视频等。另外，大火的 AI 数字人也是它的“拿手绝活”。在李安执导的《双子杀手》中，工作人员就用 AI 创造了一个数字人物小克。威尔·史密斯在数字技术的帮助下同时出演了 50 岁特工亨利和 23 岁特工小克，该片实现了真实明星“年轻版”的数字化制作。

在跨模态生成中，生成式 AI 能够根据文字生成创意图片、根据图片生成视频、根据文字生成视频，或根据图片或视频生成文字。对想象力丰富的朋友，或者影视行业从业者来说，这称得上是“工作神器”。图 1-5 就是一个根据文字“panda in a space suit”（穿着宇航服的熊猫）生成图片的例子。在游戏方面，生成式 AI 可以用于游戏开发，实现自动化的游戏设计，同时能够实现更好的游戏体验，如人工智能NPC（非玩家控制角色）等，说不定以后你玩的游戏就有人工智能的深度参与。

图1-5　根据“panda in a space suit”生成的图片

生成式AI不光在这些数字经济领域广泛应用，在实体领域的潜力也非常大，如在建筑业等巨型垂直实体领域中，生成式AI所生成内容就不再仅局限于图片和文字，而是进入了信息形式更为丰富的3D（三维）设计领域。例如构建数字建筑模型时，生成式AI能帮助建筑师们产出3D建筑模型，让他们更好地理解项目。建筑师们能够使用AI图像生成应用来丰富建筑设计方案的细节，假如建筑师们向应用中输入较为初级的建筑设计方案，AI就能够在初级设计的基础上，继续产出较为细化的设计方案，以此来深化设计。建筑师们还可以随手绘制一个潦草的建筑场景线图，让人工智能来生成对应的建筑实景图。我们可以想象，随着手绘信息的增加，生成式 AI 输出的实景图也越来越稳定。图 1–6 所示的就是利用 AI 图像生成工具生成的建筑设计图。

图 1–6　由 AI 图像生成工具生成的建筑设计图

图片来源：https://stability.ai/blog/stablediffusion2-1-release7-dec-2022

技术的浪潮层叠翻涌，人工智能已成为人类社会冲向未来世界的战舰，产业前景十分广阔。生成式 AI 更是一个突破性的产业发展方向，它不仅能给数字媒体和虚拟空间带来价值，还能促进实体行业的发展，在提升行业效率的同时优化原有的流程，创造出新的价值增长点，可以说是实体行业升级不可多得的机遇。

聚焦 AIGC：内容皆可生成

当下，世人的目光被 ChatGPT、GPT-4 这些 AIGC 深深吸引。而在清楚地认识这些新事物之前，我们需要梳理一下它们的历史脉络，其实在数年硝烟弥漫的"内容大战"中，我们已经悄然经历了多种内容形式的迭代：PGC（professional generated content）、UGC（user generated content）和 AIUGC（artificially intelligent UGC）。PGC 即"专业生产内容"，主要指具备专业背景的内容生产者所创造的内容；UGC 则为"用户生产内容"，其内容的源头更偏大众化，人人都可作为用户进行内容生产；AIUGC 则为人工智能与 UGC 的结合，人工智能参与到了用户创作内容的过程中。如今，在三度更迭之后，AIGC 正式来袭。与 PGC、UGC 和 AIUGC 不同的是，在 AIGC 的概念中，"无生命的"人工智能成了完全的内容源头，"无生命主体"成了为人类创作内容的生产者。人工智能在人类社会的应用又取得了颠覆性的突破，透出了不同于以往的炫目光彩，吸引着人们不断探索。如图 1-7，从 PGC、UGC、AIUGC 到 AIGC，所对应的内容数量呈逐渐增加的趋势。

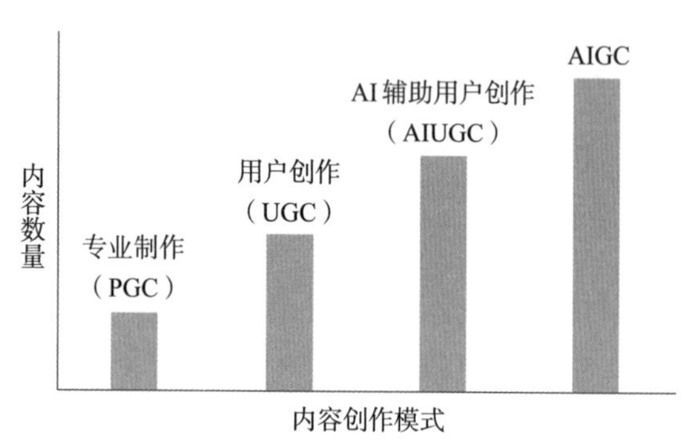

图 1-7　内容创作的四个发展阶段

从字面上看，AIGC 就是利用人工智能自动生成内容的生产方式，它可以在生成式 AI 模型、训练数据等的基础上，生成文本、图片、音频、视频、代码等多样化内容，这种快速的内容生产方式给市场注入了令人兴奋的新鲜血液。AIGC 的出现，使得各行各业都受益，使得人们的生活更加便捷。但在发展得如火如荼的同时，AIGC 又引发了我们对其更深层次的思考。

AIGC 开启了新一轮的内容生产革命，它在多样性、质量、效率三个方面推动了内容生产大踏步前进。AIGC 的出现，既可以满足消费型内容亟待扩充的需求，也可以快速产出多样化的内容形态，迎合多种细分场景，以 AI 作者的身份助力商业化浪潮的翻涌。或许我们现在正在看的某张图片、某段视频就是 AI 作者的"作品"，而我们却不自知。

下面我们就围绕 AIGC，对文本、图片、视频等不同的内容形式展开论述，看看 AIGC 究竟是如何“长袖善舞”，在各个内容形式中发挥作用的。

文本生成

AIGC 生成文本目前主要被应用于新闻的撰写、给定格式的撰写、风格改写以及聊天对话，GPT 是主流的文本生成模型之一。

GPT 的“学名”是生成式预训练模型（generative pre-training transformer），这是一种用来分析和预测语言的人工智能模型，它可以帮助我们进行自然语言处理，例如机器翻译、自动文摘和快速问答。GPT 的厉害之处是，它可以在文本中自动学习概念性内容，并自动预测下一段内容。也就是说，它可以根据上下文记住概念，并能够在短时间内直接输出相关内容。

GPT 背后的基础模型是一种新型的机器学习技术，它可以帮助我们分析大量的自然语言数据。它背靠一个大型神经网络，通过在已有文本库中找到有关自然语言的规律来学习。GPT 无须人工设计特定的自然语言处理系统，可以根据已有文本，自动生成语法正确、内容相关的文本。有这样一个“神器”，很多内容就可以借助它的力量来完成了！

GPT 的发展目前经历了 GPT-1、GPT-2 、GPT-3、GPT-3.5 和 GPT-4 几个阶段。对于 GPT-1 模型，我们可以这么理解：先使用海量没有进行标注的语料，预训练出一个语言模型，而后对语言模型进行微调，使之应用于特定的语言任务中。GPT-2 则在 GPT-1 的基础上进行了多任务的训练，使用了更大的数据集，提升了语言处理能力。GPT-3 则在训练的参数量、训练数据和训练费用上都高于前两者，能完成更加复杂的任务。

OpenAI 推出的 ChatGPT 是 GPT-3.5 的延伸，这是一款聊天机器人程序，能通过学习和理解人类的语言与人类对话，还能实现视频脚本撰写、营销文案写作、文本翻译、代码编写等功能。例如它在代码理解和编写方面的能力，就在程序员圈引起了广泛的关注：它可以看懂你输入的代码片段，帮你解读其中的含义，甚至可以根据你的要求帮你编写一段完整的代码。如此强大的能力，几乎颠覆了人们的认知，并引发了诸多关于“AI 替代人类”的相关讨论。

而当人们还沉浸在 ChatGPT 带来的无限遐想中时，就在 2023 年 3 月，OpenAI 推出了史上最强大的模型——GPT-4。它在文学、医学、法律、数学、物理和程序设计等不同领域表现出很高的熟练程度，各方面能力已全面超越 ChatGPT。不仅如此，它还能够将多个领域的概念和技能统一起来，并能够理解一些复杂概念。OpenAI 在官网上演示了这样一个示例：向 GPT-4 展示一张图片（图 1-8），并询问图中有什么有趣的地方。而 GPT-4 的回答相当精妙：这幅图的有趣之处在于，把一个大而过时的 VGA（视频图形阵列）接口插入一个小而现代化的智能手机充电端口，这是十分荒谬的。GPT-4 俨然拥有一个普通人的正常思维。

要想深刻了解 AI 技术的发展，我们就需要到推动主体——企业

图 1-8　一张“有趣”的图片

图片来源：https://openai.com/research/gpt-4

中去。主打 AI 文本生成的 Jasper 公司位于美国加利福尼亚州，通过其产品的文本生成功能，用户可以轻松完成生成 Instagram（照片墙）标题，编写 TikTok（抖音国际版）视频脚本、广告营销文本、电子邮件内容等略显烧脑的重复性工作。AI 文本生成功能一经推出，便给社交媒体、跨境电商、视频制作等多个新兴行业带来了巨大的颠覆力量。

除了 Jasper 以外，OpenAI 更是近期谈论 AI 时不可绕过的热门企业。OpenAI 是一家 AI 研究公司，成立于 2015 年，它旨在促进人工智能的安全可控发展。我们前文中提到的 GPT 这类卓越的自然语言处理模型，就是 OpenAI 首创推出的，这也使得 OpenAI 一跃成为 AI 行业的佼佼者。在自己进行技术创新之外，OpenAI 也通过与微软等行业巨头的合作，将 AI 的应用推向更高的层次，这也将为人类的日常生活带来丰富的可能性。

由于 GPT 有基于英文语料库且不开源的局限，国内的技术人员也在探索我们自有的自然语言处理模型。2020 年 11 月中旬，北京智源人工智能研究院和清华大学研究团队就合作推出了中文预训练模型——清源 CPM（Chinese Pretrained Models），我们也有了自主研发的类似于 GPT 的模型。

图片生成

你是否尝试过用 AI 生成图片呢？谈到 AI 生成图片，你第一时间又会想到哪个程序呢？你所使用的程序，很可能背后是由 Diffusion（扩散）模型来进行技术支撑的。Diffusion 模型是一种新兴的 AI 技术，它的灵感来源于物理学中的扩散现象：通过对图片不断加入噪声来生成一张模糊的图片，这个过程类似于墨水滴入水池的扩散过程；再通过深度神经网络学习模糊的图片并还原成原始图片的逆扩散过程，实现生成图片的功能。目前，Diffusion 模型在视觉艺术和设计相关领域非常受欢迎。

Stability AI 是一家全球领先的 AI 研究型企业，致力于开发前沿的人工智能模型。2022 年，由该公司与另外两家初创公司共同研发的 Stable Diffusion 模型发布，可以真正实现“一秒出图”，这个“一秒”不是夸张的代指，而是真正的事实。这就意味着你可以借助 AI，实现自己瑰丽的梦境，复原宏大的想象，也可以为自己的小说配上极富幻想感的插图，不论它们有多超现实，你都可以通过 AI 把它们呈现在大家的眼前，让想象不再孤独。

2022 年，AI 绘图突然大热，随着 DALL · E 2、Stable Diffusion、Midjourney 等图像生成领域现象级应用的纷纷兴起，AI 绘画就像一阵旋风，首先在国外引起了不小的风浪，社交平台上出现了大量的 AI 绘画相关尝试和讨论。很快这场旋风就从国外刮到国内，引起了国内用户的广泛关注。这些应用到底有着怎样惊奇的功能，而它们背后又有哪些企业在推动这场 AI 绘画“旋风”呢？

首先我们把日光放到 Midjourney 身上（图 1-9），这是由同名研究实验室开发的 AI 绘画工具。在 AI 绘画领域，Midjourney 降低了艺术绘画创作的门槛，用户只需要输入文字描述，计算机就会自动生成一张作品。Midjourney 采用了深度学习模型，能够自动为用户生成高质量的绘画作品，包括素描、油画等，让用户的使用更加方便。

毫不夸张地说，Stable Diffusion 模型是掀起 AI 绘画热潮的源头之一，Stable Diffusion 本身及基于它开发的绘画工具，让 AI 绘画引爆了舆论热潮。而其背后的公司 Stability AI 在 AI 绘画模型爆火前的

图 1-9　Midjourney 官网

估值为 1 亿美元，爆火后的估值则为 10 亿美元，狂涨 10 倍，足见 AI 技术产出的大众化程序有多么强大的市场潜力。

与此同时，也有其他公司在 AI 绘画赛道“另辟蹊径”。如一家成立时间不到两年的公司 PromptBase，主营业务为销售 AI 绘画工具的提示词，将提示词复制到 Midjourney、Stable Diffusion 等 AI 绘画平台，可以实现精准快速的图像生成，让用户在探索提示词上少走弯路。

若把目光转向国内，百度集团旗下的人工智能产品文心一格也在 2022 年 8 月宣布，用户只需要输入一段文字，并选择作画风格，文心一格就可以快速生成一幅画作。它以百度飞桨深度学习平台、文心大模型等技术为支撑，通过对海量优质图文的学习，经过多次迭代升级，如今已具备了更强的中文内容语义理解能力以及高质量图像生成能力，进一步满足国内用户对 AI 绘画的需求。

视频生成

AIGC 视频生成，是一种基于人工智能的视频制作技术，它能够根据用户提供的文字提示，自动生成视频内容，而且还能够根据不同的需求调整视频的参数，以达到最佳效果。这在某种程度上是 AIGC 图片生成的延伸，视频生成的目标是生成连续图片（每张图片即一帧）的序列，它可以使用深度神经网络技术来生成高质量视频和动态内容，从而极大地提高视频的制作速度，也能够让视频内容更加逼真生动。

AIGC 视频生成已经在很多行业得到了应用，并取得了不错的效果。学校可以使用 AI 视频生成技术来制作动画片或教学视频，医院也可以使用 AI 视频生成技术来模拟手术过程，帮助外科医生更好地理解手术流程。我们体验过的视频游戏、虚拟现实（VR）、视频会议等，都可能与 AIGC 视频生成的技术有关。

在 AIGC 视频生成技术逐渐成熟后，不少新兴科技公司也开始使用人工智能技术来进行影视制作，传统的影视制作方法与人工智能技术强强联合，能实现大规模的动态图像处理、自动剪辑、自动字幕添加、智能特效设计等，在影视制作中也能极大地解放人力和物力，压低制作成本。

AI 影视制作的案例颇多，如电脑艺术家格伦 · 马歇尔（Glenn

Marshall）的人工智能电影《乌鸦》（*The Crow*）就获得了2022年戛纳短片电影节评审团奖。《乌鸦》的基础是视频网站上的短片*Painted*，马歇尔将其输入OpenAI创建的神经网络中，然后指导另一个模型生成图像，这样就生成了一段关于“荒凉风景中的乌鸦”的视频。在电影《速度与激情7》中，剧组将虚拟演员“放置”到视频中，实现虚拟与现实的完美融合，减轻人物和场景的限制，实现更多可能。这种效果是怎样实现的呢？这涉及多重技术支持：首先从之前的镜头中选择拍摄所需的动作和表情，建立数字成像模型，再渲染出虚拟的人物；在替身演员拍摄完肢体动作后，还会对脸部进行替代。通过这种方式，逝去的保罗·沃克在电影《速度与激情7》中“重生”，为影迷带来了慰藉。

在AIGC视频制作赛道同样有很多“明星企业”。2023年2月6日，人工智能初创公司Runway官网宣布推出AI视频生成模型Gen-1，给竞争已十分激烈的AIGC赛道又添了一把熊熊烈火。Gen-1究竟有什么令人惊叹之处呢？它采用了最新的深度学习编码技术，可以将数据转化为精美的3D图像和视频，还能根据文字脚本、图片、视频剪辑等进行自动内容生成，创造出真实感十足的3D场景，帮助使用者体验真实世界中所不能触及的情景，比如现在无法实现的太空旅行、历史重现等，小说中的“穿越”情节可以在现实中上演，给生活带来了无尽想象和无限可能。此外，Runway还提到会不断改进Gen-1，让其以更低的成本和更快的速度，生成更精彩的内容，为人类提供无尽的创意。

除行业新秀外，谷歌也推出了 Imagen Video 与 Phenaki 两款视频制作工具。其中，Imagen Video 能够生成高清以及具有艺术风格的视频和文本动画，还具有高度的可控性、对世界知识和 3D 对象的理解能力，而 Phenaki 能够根据一个故事的时间线来生成视频。另一家硅谷巨头 Meta（脸书部分品牌更名而来）推出的则是 Make-A-Video，借助这款工具，可以生成非常富有想象力的奇趣视频（图 1-10）。

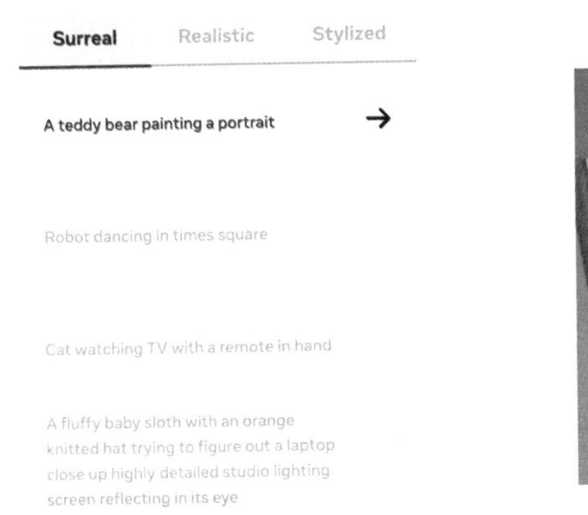

图 1-10　Make-A-Video 生成视频示例

图片来源：https://makeavideo.studio

除了 AIGC 在内容生成中的多角度应用，根据这项技术所延展的内容工具还能“互通有无”。不同内容形式的模型之间并没有壁垒，而是可以联合使用，实现跨模态的内容生成。例如将 GPT-3、Stable Diffusion 一起使用，可以实现流畅的修图功能，让修图不再费时费力，美工不再被甲方的需求折磨。这个功能为什么可以实现呢？如图1-11，我们给定一个输入图像和一个编辑图像的文本指令，这样它就能遵循我们给出的描述性指令来进行图片的加工编辑了。这听起来很智能，但实现此类功能的前提是要精细化地了解AI的话术并正确使用有效的提示词。如果没有正确使用提示词，很容易鸡同鸭讲。

图1-11　通过给AI发出指令，给雕像穿上衣服

（使用instructPix2Pix生成）

总之，从文本、图片、视频这几个主流的内容形式来看，AIGC已然在其中疯狂“攻城略地”，取得了难以想象的巨大进步，它可以辅助人类创作甚至自动生成内容。是否会有那么一天，人类陷入AI构造的信息茧房，逃不出数据库的桎梏，这仍需时间的考验。

但从产业发展上看，AI的技术革新已经渗透到人类的日常生活，下沉为人人皆可使用的技术工具，这是非常可喜的变化。基于AI疾速发展带来的伦理和道德问题，或许会有一段时间的过渡期，我们须等待相关制度和规则的完善。但AIGC势如破竹地闯入了人类的领地，从此与人类相伴相生。

生成式 AI 的核心价值

从前文的叙述中，我们对人工智能模型的两个主要类型——生成式 AI 和决策式 AI 有了一定的了解，也明晰了它们各自的“特长”是什么。简单来说就是，决策式 AI 擅长的是对新的场景进行分析、判断和预测，主要应用在人脸识别、推荐系统、风控系统、精准营销、机器人、自动驾驶等；生成式 AI 主要擅长自动生成全新内容，主流的内容形式它基本都能生成，包含文本、图片、音频和视频等。二者在技术路径、成熟程度、应用方向上都有诸多不同。而在下文中，我们将聚焦生成式 AI，围绕其核心价值来展开论述。

生成式 AI 聚焦于认知的逻辑层面

你或许想不到，决策式 AI 和生成式 AI 不但名称不同，从认识论的角度看，二者聚焦的认知层面也不相同。何为认识论呢？认识论即为与知识来源和知识判断相关的理论。如图 1–12，在认识论中，人们的认识过程被描摹为金字塔形的结构，人类的认知会逐渐进阶，从数据、信息、知识、逻辑向形而上的哲学、信仰迈进，所认识内容的颗粒度和结构深度也会随之不断改变。

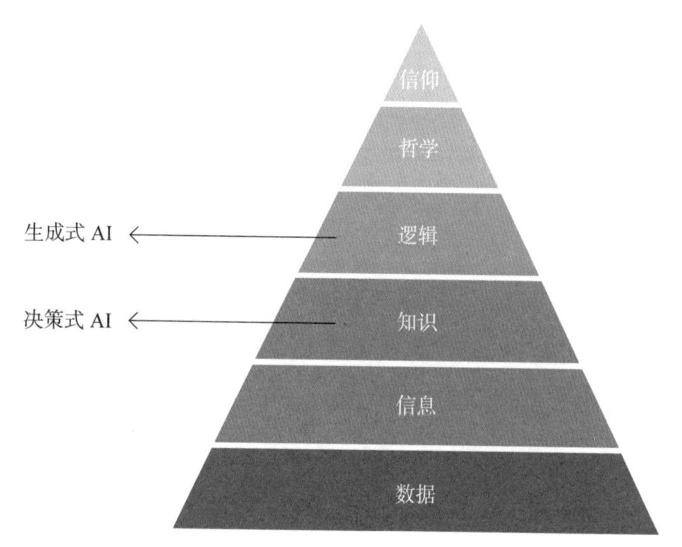

图 1-12 生成式 AI 和决策式 AI 聚焦于不同的认知层面

决策式 AI 聚焦“知识”层面，而生成式 AI 则聚焦高一级的“逻辑”层面，二者在内容认知程度上大不相同，但还未上升至认识论中的信仰和哲学层面。因此总体来说，决策式 AI 更多体现的是基于大量数据、信息形成的知识总结和判断，生成式 AI 体现的则是基于知识、信息和数据在逻辑层面产生的创新成果。后者是更接近人类智慧的 AI 技术，其内容的创新强度也更胜一筹。

在实际应用中，决策式 AI 根据已有数据进行分析、判断和预测，已经在推荐系统、风控系统和精准营销等诸多领域为人类服务，而生成式 AI 作为在认识论模型中更高阶的一种，并非只分析已有数据，而是归纳已有数据进行演绎创新，也正在内容创作、人机交互、产品设计等诸多方面为人类贡献力量。

生成式 AI 的优势

如果在与决策式 AI 相对照后，你还不太理解生成式 AI 的优势，我们就用一个简单的比喻来描述一下这两者：决策式 AI 更像在做选择题，分类是它的强项；生成式 AI 则擅长做简答题，以创作为长处。

从更深层次来说，决策式 AI 其实是有隐患的。我们现在来考虑这样一个场景：假设我们拥有一种分类效果很好的神经网络模型，这种网络有非常高的准确率，能游刃有余地处理常规的图像分类任务。但是，我们把一个加了少许噪声的图像输入模型后，这个模型居然发生了十分离谱的错误，而那张图像的改变在人类眼中十分微不足道。如图 1-13，在一个测试中，技术人员给一张猫的图片（模型认为图像是猫的概率为 90%，是马的概率为 5%）添加了一些噪声，模型就离奇地将其分类成了马（模型认为图像是马的概率为 90%，是猫的概率为 5%）。这个案例说明，基于条件分布的神经网络模型貌似缺乏对图片的语义性理解，我们也可以以此来推测，与之相似的只对条件分布进行建模的决策式 AI 模型很难理解语义上的信息，也不易做出正确稳定的决策。

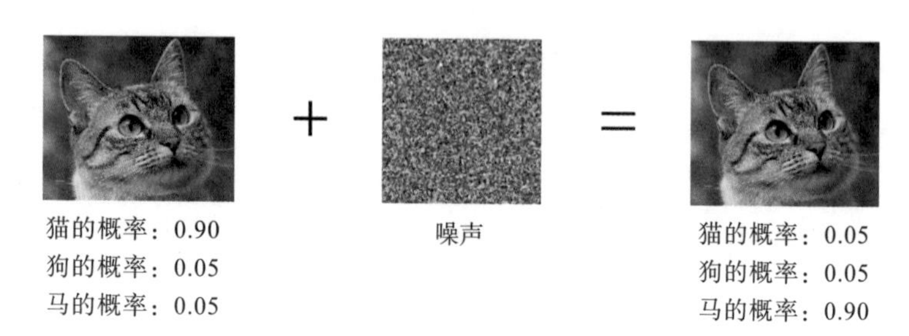

图 1-13　噪声干扰决策式 AI 的识别能力

对此我们可以设想一下，仅需少许简单的改变，决策式系统就很有可能放弃它所做出的判断和选择，它们又怎么能取得我们的信任呢？若我们所使用的系统建立在如此不稳定的模型之上，其日常的运行就会充满隐患，如婴儿般的模型很容易走入歧途，给我们带来意想不到的麻烦。比如，决策式模型遇到一个新样本时的输出不稳定，原本高价值的客户被误识别为低价值客户，或者原本风险较高的客户被误识别为低风险客户，这些问题在现实场景中发生是阻碍决策式 AI 在更多行业落地的重要因素。

我们从模型背后的原理出发，会更好理解一些。决策式模型的原理是这样的：模型会从海量的猫和狗的图片数据中，了解到猫的外观和狗的外观差别非常大，当面对新的样本时，模型判断样本的外观和谁更相似，就认为样本是谁。

而生成式模型则是这样：它从训练集中了解到了猫的特质（如大小、毛色、身形等个性化特征），而后从关于狗的数据中也了解到了这些特征，当面对新样本时，它就会先提炼其数据的特质，将之和猫、狗分别进行比较，两方都得到一个概率，哪组数据的概率较大，它就认为样本是谁。

与决策式 AI 相比，生成式 AI 显然成熟得多，它可以学习人的思维逻辑，产出具备常理和特定规则的内容。其依托的生成式模型会关注结果是如何产生的，但生成式模型需要的是十分充足的数据量，这样才能保证模型能采样到数据本来的面目，所以生成式模型的速度相对来说会慢一些。与之相反，决策式模型对数据量的要求没有那么高，速度会更快，在小数据量下的准确率也可能更高。

基于生成式 AI 背后的原理，它的功能如此强大也就不足为奇了。如最新的生成式模型 GPT 等，就可以生成一系列的内容，给予人类更多的方便和选择，让人类能享受从冗余工作中被解放的快感。从这个角度来说，生成式 AI 真是某些打工人的“福星”呢!

生成式 AI 的价值

生成式 AI 究竟有多么“万能”，以至于令人咋舌呢? 我们就在这里做一个全面的介绍，展示生成式 AI 的核心价值，看看它是如何用强大的专业功能覆盖众多工作领域的。

如果以粗放的标准来划分人类的内容生产工作，大略可以分为艺术创造性工作、设计性工作和逻辑思维性工作，而生成式 AI 在这三类均有涉猎，可以凭借强大的内容生产水平让人类产生“危机感”。

如在艺术创作领域，绘画已然不再能难倒生成式 AI 了。2023 年

3 月，我国诞生了首部 AIGC 生成的完整情节漫画。艺术家王睿利用 AIGC，以小说《元宇宙 2086》为蓝本，通过加噪点、去噪点、复原图片、作画这几个步骤，将文字转化成了可视化的内容，画面线条流畅、色彩绚烂，给人以强烈的视觉冲击，也在中国的科技艺术发展史上留下了浓墨重彩的一笔。AIGC 创作的绘画作品甚至都进入了拍卖领域。2022 年 12 月，AI 山水画的首次拍卖落下帷幕，成交价为 110 万元。该画作是百度文心一格和画家乐震文续画的陆小曼未完成的画稿《未完 · 待续》。大家都知道，中国的山水画注重写意，很难模仿到神韵，而文心一格将陆小曼存世的画稿、书法作品等作为 AI 的训练数据，大量的数据“投喂”使得 AI 的创作颇具陆小曼画作的灵性，到了以假乱真的地步。

除绘画外，歌曲创作领域也已经被 AIGC“入侵”了，百度数字人度晓晓与龚俊数字人共同献声的《每分每秒每天》这首歌就是 AI 出品，从作词到编曲均由 AI 把控。演唱者度晓晓也大有来头，她是国内首个可交互的虚拟偶像，除了唱歌跳舞，主持也不在话下。

喜欢看视频的朋友也离不开 AI 的帮助。谷歌研究院最近就发表了一篇论文，致力于将文本条件的视频扩散模型（video diffusion model, VDM）应用于视频编辑，这个视频编辑框架可以创建动态相机运动、为图像中的事物设置动画等，未来大家也有机会利用这项技术制作自己的个性化电影。网飞发布的动画短片《犬与少年》也与 AIGC 有关。这个短片由 AIGC 制作，而且创造了一个“第一”——全球首个 AIGC 动画短片，人工智能小冰在这部动画里就利用自己的技术绘制了完整的画面和场景，让人类创作者有时间回归到更根本的创意性工作中去。

在设计性工作领域，AIGC 更是大展拳脚，平面设计、3D 设计、服装设计、环境艺术设计等统统不在话下。有了 AIGC 在绘画创作中的先例，我们就不难看出它在平面设计中也必然很出色。在 Midjourney 等 AIGC 绘图软件中，只需要标明是 T 恤设计、丝巾设计还是插画设计、角色设计，就可以得到可投入使用的设计稿，独幅图案抑或是连续纹样，它都能轻松搞定。

生成式 AI 还渗透到了 3D 领域，Magic3D 就是 GPU（图形处理器）制造商英伟达推出的一款应用，它会先用低分辨率粗略地对事物进行 3D 建模，然后进阶优化为更高分辨率。OpenAI 的 Dream Fields 更是不需要照片就能生成3D模型，把“无中生有”玩得透彻，现在，生成船、花瓶、公共汽车、食物、家具等的模型都不在话下。利用 AIGC 生成 3D 模型的技术，未来，游戏、电影、虚拟现实等领域都不再需要工作人员手动进行 3D 建模了，方便、高效了许多。

你是不是也好奇 AIGC 是怎么在服装领域应用的？ 3D 衣物建模是其背后的一项核心技术，随着技术的发展，甚至还能做到 3D 衣物重建和可控衣物编辑。国外的 Project Muze 是谷歌与 Zalando 电商合作，利用谷歌深度学习框架打造的 AI 服装设计师。其所构建的神经网络融合了超过 600 名时装设计师的风格和多种设计元素，只需用户输入性别、喜好、情绪等信息，它就能设计出一套独特的时装。虽然在 AI 与服装结合的道路上，我们还需要摸索进行高水准的设计，但在服装设计的产业布局中，AIGC 将是不可缺少的一环。

在你生活的城市中，AI 说不定已经在进行市区的环境艺术设计工作了。谷歌发布过一款能帮助城市进行绿化工作的 AI 工具，人类能借助 AI 和航拍，绘制一张城市的"绿化地图"，并据此来生成绿化建议，用以解决全球变暖造成的极端高温天气问题。这款 AI 工具既高效又科学，取代了传统上昂贵的逐块研究绿化的方式。试想一下，在未来所有的城市中，公园、道路……只要能见到植被的地方，可能都是由 AI 规划并推动实施的，你会生活在一个由 AI 进行科学规划后建设的绿色城市。生活在这里，你应该也会被随处可见的植物治愈吧。

在家装方面，"AI + 家装"产业也发展得如火如荼。AIGC 工具可以帮助家装设计师、从业者快速创作出设计图及方案，促进家装管理及服务智能化和精准化，推动"AI + 家装"产业数字化应用升级；另外，引入、应用先进的智能对话技术，搭建人工智能客服服务体系，协助家装商家和用户更为及时和全面地追踪服务进度，能进一步帮助平台打造更加开放的家装内容和服务生态，提升家装体验。国内的一家科技企业群核科技成立了 AIGC 实验室，旨在拓展全空间领域 AIGC，进行家居家装、商业空间、地产建筑等空间领域的 AI 设计生成和迭代创作。说不定以后为我们进行家居装修的都是 AI 设计师。

说了这么多，你可能会认为，AIGC 无非就是被"喂"了足够多的人类创作的内容，模仿大于创造。其实 AIGC 并不是"copy 怪"，它还能从事非常需要逻辑思维的工作，像写代码这种专业工作它也能做。ChatGPT 可以帮人写代码想必大家都已经知道了，但可以做到什么程度，大家可能并不太了解。现实中可能已经有读者用它解决过不少代码难题。除了知名度颇高的 ChatGPT，aiXcoder 公司推出的 aiXcoder XL 也是 AIGC 的代表，在 2023 年 2 月首次开放了代码生成模型的 API（应用程序编程接口），让更多使用者能够利用人工智能提升软件开发的质量和代码撰写的效率，极大地提升应用程序的推进速度。从写代码这点来说，AIGC 通过分析大量开源项目的代码，学习语言特征，动态生成新的代码，能够对不同类型的任务更加灵活、快速地进行开发。

除了上文提到的众多领域，人工智能还进军医药领域。对此，“生物版 ChatGPT”有话说。“生物版 ChatGPT”的任务是生成蛋白质。在产业落地应用的场景中，许多从业者最关心的问题之一就是大分子药物，尤其是抗体等蛋白质类药物能不能使用 AI“一键生成”。药企晶泰科技是 AI 药物研发的先行者，其自主研发了大分子药物设计平台 XuperNovo，这个平台包括许多大分子药物从头设计的策略，其中有一款策略被称作“ProteinGPT”。如此命名的原因是 ProteinGPT 的技术路线与 ChatGPT 相似，ProteinGPT 可以一键生成符合要求的蛋白质类药物设计。目前，ProteinGPT 已经被正式应用于晶泰科技的各类大分子药物项目中，表现得非常好。

绘画、影视、环境艺术、家装、代码、医药……似乎只有我们想不到，没有 AIGC 做不到的，相信未来 AIGC 将会在更多领域得以应用，给我们带来意想不到的应用效果。

说了这么多，我们对生成式 AI 独特的价值和优势应该都有了不少认知。其实，生成式 AI 和决策式 AI 还能两相结合、强强联手，多层次、多维度地解决人类更多的烦恼，将我们从机械式的生硬工作中解放出来，提升内容生产的效率，当然前提是内容质量要过硬。为此，也需要技术人员对人工智能进行更多的研究、开发和测试，文明社会未来主要的突破口和增长点或许就系于 AIGC 之手。

里程碑式的存在——ChatGPT

近几年，人工智能技术领域高潮迭出，给我们引爆了一轮又一轮技术热潮，而刚进入2023年，人工智能界就出现了“新顶流”——ChatGPT。它最近肯定在大家面前疯狂刷屏，大家即使不了解它，也早就对这个名字耳熟能详了。那么它到底是什么呢？其实ChatGPT是一个由OpenAI公司推出的大型语言模型（large language model, LLM），它能帮助开发人员使用自然语言理解来增强聊天机器人和智能应用程序的功能，可以处理各种任务，如撰写文章、提供建议、回答问题等。

自2022年11月推出后，ChatGPT因其强大的功能爆红，用户数量暴增，仅2个月就达成了用户破亿的目标，成为史上用户最快破亿的应用。而达成这一目标，TikTok用了9个月，这足以说明ChatGPT的受欢迎程度了。

ChatGPT的火爆其实不仅在于它聊天能力强，用户更多的是看重了它“十八般武艺，样样都会”。有人让它回答脑筋急转弯，它并没有被绕进去，很快就得出了答案；有人让它写一篇关于“秦始皇摸电门，赢麻了”的文章，它写得有模有样，并没有对这个离谱的主题提出质疑；有人让它写社交平台上的宣发文案，它连图形符号都用得难辨真假；甚至有网友训练它说北京话，在一来一回的对话训练中，它很快就学会了北京话的口语性表达，强大的学习能力不禁让人怀疑对面是不是有真人在操控。还有人让它写策划、写文案、编代码、写诗……这么一个具备强大功能的程序，当然会受到各界人士的欢迎。许多人让它帮助自己工作，成为代替自己的“二代打工人”。

打工人爱它，学生党也爱它。美国在线教育供应商 Study.com 的一项针对 1000 名美国学生的调查显示，超过 89% 的学生使用 ChatGPT 完成家庭作业，48% 的学生用 ChatGPT 完成小测验，53% 的学生用 ChatGPT 写论文。“ChatGPT 风”简直席卷了大、中、小学，让学生党狂喜。但美国已经出台了相关政策，制止学生用人工智能完成作业，未来我们也需要正确引导孩子，让孩子以科学的方式接触这些先进的技术。

据美国杂志 *PCMag* 报道，谷歌曾经给 ChatGPT 提供了面试程序员的问题，结果它不仅没被难倒，甚至还被判定为具备三级软件工程师的水准，简直让人瞠目。目前，ChatGPT 已经开始入侵职场，根据职业咨询平台 ResumeBuilder.com 的最新报告，在 1000 家企业调查样本中，49% 的企业目前正在使用 ChatGPT，主要应用在协助招聘、编写编码等工作中。报告还称，从 2022 年 11 月 ChatGPT 上线后，不少企业已经将 ChatGPT 投入了应用，在这之中，有 48% 的企业开始利用 ChatGPT 代替员工工作，25% 的企业已经通过 ChatGPT 节约了 75 000 美元以上的成本，这简直给部分岗位的工作者带来了失业的隐患！

ChatGPT 发展历程

如前所述，生成式 AI 通过学习数据中的联合概率分布，对已有的数据进行总结归纳，再创作出新的内容。ChatGPT 作为一款自然语言处理模型，通过学习语料中词汇之间的组合规律和逻辑，生成合理的接续，实现内容的创作。这类似一个“接龙”的过程，ChatGPT 根据上文计算并生成下一个词，然后继续生成下面的词，从而完成一句话或者长文，也就是“自回归生成”。因此，虽然训练 ChatGPT 使用的语料都是现有的已经被创作出来的，但是其创作内容不是“抄袭”，不是简单的复制和粘贴，而是在现有语料的基础上学习词与词之间的逻辑，创作出新的内容。

ChatGPT 的能力并不是一蹴而就的，提到“神器”ChatGPT 的前世今生，那可有太多故事了。其实 ChatGPT 的“前世”与 Transformer（变换器）模型关系紧密，由于 Transformer 模型诞生于 2017 年，因此我们的故事得从 2017 年说起。

2017 年，谷歌大脑团队在神经信息处理系统大会发表了一篇名为《注意力是你所需要的全部》（Attention Is All You Need）的论文。这篇论文的作者在文章中第一次提出了一个基于注意力机制的

Transformer 模型，并且把这个模型首次用在理解人类的语言上，这就是自然语言处理。谷歌大脑团队利用非常多已经公开的语言数据集来训练这个最初的 Transformer 模型，而这个 Transformer 模型包括 6500 万个可调参数。

经过大量的训练后，这个 Transformer 模型在英语成分句法分析、翻译准确度等多项评分上都在业内达到了第一的水准，世界领先，成为当时最为先进的大型语言模型。

而 Transformer 模型从诞生之时，也极为深刻地影响了后续人工智能技术的发展道路。仅几年内，这个模型的影响力就已经渗透到人工智能的各个领域，包括多种形式的自然语言模型，以及预测蛋白质结构的 AlphaFold 2 模型等。也就是说，它就是后续许多功能强大的 AI 模型的源头。

在 Transformer 模型爆火后，有许多团队都在跟进研究这一模型，推出 ChatGPT 的 OpenAI 公司也是专注于研究 Transformer 模型的其中一家公司。在 Transformer 模型被推出还不足一年的 2018 年，OpenAI 公司有了自己的技术突破，他们发表了论文《用生成式预训练提高模型的语言理解力》（Improving Language Understanding by Generative Pre-training），还推出了具备 1.17 亿个参数的 GPT-1 模型。GPT-1 模型是一个基于 Transformer 结构的模型，但训练它的数据集更为庞大。

OpenAI 公司利用一款经典的大型书籍文本数据集（BookCorpus）对 GPT-1 模型进行了模型预训练，这个数据集包括 7000 多本未出版的图书，并涵盖多种类型，如言情、冒险、恐怖、奇幻等。在对模型进行预训练后，OpenAI 还在四种不同的语言场景下，利用多种相异的特定数据集对模型做了进一步的训练。而最终训练出的模型 GPT-1，在文本分类、问答、文本相似性评估、蕴含语义判定这四个评价维度上，都取得了比基础 Transformer 模型更好的结果，因此也取代 Transformer 模型，摇身一变成为新的业内龙头。

在发布 GPT-1 后的一年，OpenAI 公司又公布了一个"升级版"的模型——GPT-2。这个模型的架构与 GPT-1 的原理是相同的，只是规模比 GPT-1 大了 10 倍多，具有 15 亿个参数，刷新了这种大型语言模型在多项语言场景中评分的纪录。

在 2020 年，OpenAI 公司再接再厉，推出了取代 GPT-2 的 GPT-3 模型——这个模型包含 1750 亿个参数。GPT-3 模型的架构也与它的"前任"GPT-2 没有本质区别，只是规模更大了。当然，GPT-3 的训练集比前两个 GPT 模型要大得多：它包含两个相异的书籍数据集（一共 670 亿词符）、已经过基础过滤的全网页爬虫数据集（4290 亿词符）、维基百科文章（30 亿词符）。

由于 GPT-3 包含太过庞大的参数数目，训练所需数据集的规模也非常巨大，因此成本也很高——保守估计，训练一个 GPT-3 模型需要 500 万美元至 2000 万美元。用于训练的 GPU 越多，成本越高，时间越短；反之也是如此。在使用中，用户通过提供提示词，甚至完全没有提示，直接询问，就可收获高质量的答案。由于 GPT-3 并没有给用户提供合适的交互界面，而且还有一定的使用门槛，所以使用过 GPT-3 模型的用户并不是很多。

在 2022 年神经信息处理系统大会中，OpenAI 公司再次向大家宣布了它的新突破，它又推出了全新的大型语言预训练模型：ChatGPT。GPT-3.5 是 ChatGPT 的前身，也是 OpenAI 对 GPT-3 模型进行微调后开发出来的模型，在 GPT-3.5 诞生后，ChatGPT 才横空出世。至此，我们所讲述的主角诞生，ChatGPT 也是目前使用最为广泛的一款自然语言处理程序，简直称得上是“AI 界的顶流”了！

各大公司纷纷入场

面对热烈的市场反响，国内的各大科技企业也纷纷入局，将“产业触手”深入人工智能这片蓝海，例如百度、阿里巴巴、360 等国内科技巨头都先后发布类 ChatGPT 产品，以期抢占“中国版 ChatGPT”的市场先机。而另一头，海外的科技巨头如大家熟知的微软、谷歌等企业，也都加速了在 AIGC 方面的相关布局。

我们首先来看看国内一些科技巨头在相关产业的发展情况。近日有消息称，阿里达摩院正在研发类似 ChatGPT 的对话机器人，尚处于内测阶段，而且阿里巴巴还可能结合 AI 大模型技术与钉钉生产力工具，将二者的深度应用方式挖掘出来。关于 ChatGPT 在中国的布局，百度的被关注度也很高。百度作为国内领先的 AI 技术公司，发布了中国的类 ChatGPT 应用“文心一言”，其多答案回复、智能生成等相关功能，会渐渐在百度的搜索引擎内上线或内测，由此可以看出，百度对 AIGC、ChatGPT 等技术已经开始积极布局了。无论是阿里还是百度，目前国内科技巨头的技术发展方向都是将 ChatGPT 相关技术融入自己已有的主要产业模块，以此谋求深度的商业增长。

互联网企业 360 也在 ChatGPT 相关技术上有自己的产业布局，目前在文本生成图像、类 ChatGPT 等 AIGC 技术中都有持续性的成本投入。2023 年 3 月，在 360 主办的论坛上，公司创始人周鸿祎演示了一款由 360 自主研发的类 ChatGPT 大型语言模型。该模型在一定程度上已具备对中文较好的语义理解能力，展示了 360 在这一方面的阶段性成果。

阿里巴巴目前也发布了其大型语言模型“通义千问”。据悉，阿里巴巴今后的所有产品都将接入“通义千问”。而“通义千问”也展现出了更大的市场野心，相关负责人表示，阿里云将提供完备的算力和大模型基础设施，并帮助包括创业公司在内的所有企业和机构打造自己的专属大模型，让它们更好地实现创新，也让中国整体的 AI 能力有全方位的提升。

从国内科技巨头在 AIGC 技术上你追我赶的态势来看，人工智能相关的产业发展呈现出相当光明的发展前景。说完了国内科技巨头的发展态势，我们再来看看国外的科技巨头在 ChatGPT 领域的发展情况。

让我们把目光投向美国，美国的微软是与 ChatGPT 及其母公司 OpenAI 关系最密切的科技巨头之一。在 2023 年 2 月，微软就推出了最新版本的搜索引擎 Bing（必应）和 Edge 浏览器，二者均由 ChatGPT 进行支持。更新的 Bing 搜索将会以类似 ChatGPT 的方法，来对已有大量上下文的问题进行回答。

而正是在同一个月，微软还宣布了企业中的所有产品会全面与 ChatGPT 进行整合，这些产品包括 Azure 云服务、Teams 聊天程序、Bing 搜索引擎，以及囊括 Word、PPT、Excel 的“Office 全家桶”等。目前，GPT-4 已被内置于新版 Bing 搜索引擎中，这也代表着微软开始与谷歌这个全球搜索引擎的巨头进行对抗。其实在这之前，微软就和 ChatGPT 的母公司 OpenAI 深度扩展了合作关系，计划扩大投资只是一个基础，OpenAI 还会使用微软的 Azure 云计算服务来更快地推动人工智能的突破。

面对微软强势的竞争，谷歌也不甘示弱，推出了 AI 对话系统 Bard。与微软采取的方式类似，谷歌也会把 Bard 对话系统与谷歌的搜索引擎相结合。谷歌的云计算部门 Google Cloud 开始与 OpenAI 打擂台，宣布与 OpenAI 的竞争对手 Anthropic 推进全新的合作关系，而 Anthropic 也已经把谷歌云当作自己的首选云提供商。在 2023 年 1 月，Anthropic 也推出了一款全新的 AI 聊天机器人产品 Claude，这款产品基于其自研架构，被认为是 ChatGPT 一个强有力的竞争对手。老牌巨头英伟达与 ChatGPT 的关系也不浅，ChatGPT 在进行模型训练时，至少导入了 10 000 颗英伟达高端 GPU。亚马逊、Meta 等科技巨头的高管，也都表示想对 AIGC、ChatGPT 相关技术或产业进行积极布局。在 AIGC 领域，各个企业的市场竞争才刚刚开始。

ChatGPT 的应用

从宏观角度看完了与 ChatGPT 有关的产业发展，下面我们来谈谈与日常生活切实相关的话题，那就是 ChatGPT 究竟有什么用，或者说它能给我们带来什么。

从全网的报道中我们都能了解到，ChatGPT 能在一定程度上帮人们承担部分工作，减轻人们的负担，具备十分广泛的应用场景，下面我们举例说明。

快速阅读和总结：会议马上要开始了，你有一份文件还没看，阅读完所有内容需要很久，但是你的时间非常紧张，这时候你可以将文件复制并粘贴到 ChatGPT 的聊天框中，并要求它为你总结文件中最重要的内容（图 1–14）。这项工作 ChatGPT 已经驾轻就熟了，你有机会就可以尝试一下。

客户服务和支持：ChatGPT 能够以即时聊天或电子邮件的方式与客户进行交互，来解决客户的问题和疑虑，并同时提供支持和指导（图 1–15）。面对 ChatGPT 时，你只需给它一个非常简单的提示，比如“写一封给客户的问候邮件”，ChatGPT 就会给出它生成的例子。你对输出的结果不满意也不要紧，只需要略微改动一下提示再来一遍，就可以得到完全不一样的内容，ChatGPT 几乎不会给你两遍相同的内容。

交互问答：ChatGPT 能够作为一种在线学习平台，在交互中回答问题，并提供相应的帮助。比如你花费一个周末的时间学习了古罗马

Q 说到数据，毋庸置疑，是这个时代的重要资产。数据，反映了事物的原理和规律。当你找到它的规律后，可以去预测未知。如果说数据是原油的话，那么 AI（Artificial Intelligence，人工智能）就是从原油中提炼各种高价值产品的加工厂，它的重要性可见一斑。

从数据中发现知识、洞察和规律，这本身不是一个新概念。几百年前，在开普勒时代就有这样的实践。当时，开普勒从几百页的天体位置数据中，提炼并总结出了天体运动的三定律，至今仍在被使用，也就是我们熟知的开普勒三定律。现在，AI 帮助我们实现了借助大规模云计算的方法，从海量的数据中自动学习知识和规律。那么，作为一个数据驱动的 AI 框架，它可以给我们带来哪些作用？

首先，数据驱动的 AI 框架可以带来个性化的体验。例如当我们进入一些网站，会得到许多个性化体验。这些体验让网站不再是千人一面，通过数据驱动的 AI 框架可以为每一位访客做出调整和优化。有效的个性化服务源自对大量数据的深度分析，AI 帮助我们精准地将最恰当的体验匹配给每位用户。

其次，数据驱动的 AI 框架可以带来细粒度的行业策略，这些策略可以帮助企业精细化地运营。例如，一个产品的目标客户群可以粗略地定义为一定年龄范围的男性或女性。应用了数据驱动的 AI 框架以后，我们可以得到一个比较详细的描述，我们不仅可以基于年龄、性别这样的因素，还可以交叉考虑更多的维度，例如兴趣爱好、行为习惯等，从而得到细粒度的营销策略。

最后，数据驱动的 AI 框架可以带来知识和洞察。我们从经验中可以学习到新知识，而数据驱动的 AI 框架带给我们的核心价值是，持续地、运营化地从数据中挖掘知识、学习知识的能力。这个知识未必是写在教科书上的，而是从数据中实时地、最大体量地同时也是最有效地获得知识，用于生产和业务实践中。类似地，通过 AI 可以从数据中获得持续的洞察。

AI 的核心之一是去平均化。例如，对一个公司来说，客户的平均价值可能是一百元，而去平均化告诉我们，不同客户对应的价值是不同的。这个可以通过 AI，从过去客户的行为数据等属性中学习出来，建立自学习模型，预测每个客户的价值是多少。客户的实际价值，可能与平均值相差很远。不仅客户的价值，客户是否会购买一件商品，喜欢什么样的商品，以及如何促成一次购买等这些问题，都可以通过 AI 技术来帮助回答。去平均化的应用不仅局限于营销领域，还可以应用于医疗和其他商业领域。例如，在医疗领域，基于病例来预测得坏血病的概率和再入院的概率，能够帮助医院挽救病人和降低医疗成本，这些应用已经在一些大医院里开始实行。

著名的科技思想家凯文·凯利说 AI 是认知化。如果说电力化带来了人工的动力，那么认知化带来了人工的智能。大量的实践表明，在感知方面，包括 AI 的视觉、听觉、语言理解等方面，AI 可以接近人脑；在支持专业决策方面，在海量数据的支持下，AI 甚至可以超越人脑。

请帮我总结上述文章的重要内容。

A 数据是这个时代最重要的资产之一，通过数据可以发现知识、洞察和规律。人工智能（AI）作为一个数据驱动的框架，可以从海量的数据中自动学习知识和规律，从而带来许多益处。首先，数据驱动的 AI 框架可以提供个性化的体验，例如网站可以为每位用户做出调整和优化，使得访客获得恰当的体验。其次，数据驱动的 AI 框架可以带来细粒度的行业策略，帮助企业精细化地运营。最后，数据驱动的 AI 框架可以带来知识和洞察，从数据中持续地、运营化地挖掘知识、学习知识。AI 技术可以应用于营销、医疗和其他商业领域，帮助企业提高效率、降低成本，挽救病人等。AI 的核心之一是去平均化，可以从过去客户的行为数据等属性中学习出来客户的价值，从而帮助企业预测客户的行为和价值，实现更好的商业效益。

图 1-14 ChatGPT 在快速阅读和总结方面的应用示例

历史，现在你想对自己的知识储备进行测试。ChatGPT 可以轻而易举地给你提供 5 个关于历史的问题（图 1-16），还能对你已经写下的试题答案进行纠正。

Q 本公司是一家专门从事自然语言处理的人工智能企业，专注生成式 AI 模型，我是公司的销售人员小李，请帮我写一封向客户介绍公司的邮件。

A 尊敬的客户，

我是小李，来自一家专注于自然语言处理的人工智能企业。非常感谢您对我们公司的关注和信任。

我们公司专注于生成式 AI 模型的开发和应用，利用最先进的技术和算法，为客户提供高质量的智能解决方案。我们的核心产品包括自然语言生成、文本摘要、语言翻译等多种应用场景。

我们拥有一支由经验丰富的数据科学家、机器学习工程师和自然语言处理专家组成的团队，他们在这一领域拥有丰富的经验和卓越的技术水平。无论是从技术能力还是从解决方案的实际效果来看，我们都可以为客户提供最优秀的服务。

在合作中，我们将为客户提供完善的技术支持和持续的优质服务，致力于帮助客户实现商业价值和业务增长。如果您对我们的产品和服务有任何疑问或需求，请随时与我们联系，我们将竭诚为您服务。

再次感谢您的关注和支持，期待未来能够与您建立长期的合作关系。

此致

敬礼

小李

销售人员

XXX 公司

图 1-15 ChatGPT 在客户服务和支持方面的应用示例

Q 给我出 5 个古罗马历史的考题，并给出答案

A 1. 古罗马帝国在哪个时期达到其最高峰？它的领袖是谁？

答案：古罗马帝国在公元 2 世纪时达到其最高峰，其领袖为图拉真。

2. 古罗马共和国是如何结束的？它被哪个人物所代表？

答案：古罗马共和国于公元前 27 年结束，由奥古斯都代表帝国政权接管。

3. 古罗马帝国如何管理其庞大的领土？它采用了哪些方法来巩固其统治？

答案：古罗马帝国采用了分封制和行省制来管理其领土，并通过公共工程和文化扩张来巩固其统治。

4. 古罗马的哪些成就对现代世界产生了影响？

答案：古罗马的法律体系、语言、道路、建筑和工程技术对现代世界产生了重要的影响。

5. 古罗马帝国为什么最终衰落？有哪些因素导致了它的衰败？

答案：古罗马帝国最终衰落的原因有多种，包括政治腐败、财政赤字、军队士气下降、内部分裂以及外部入侵等。

图 1-16 ChatGPT 在交互问答方面的应用示例

医疗保健：ChatGPT 能够对患者关于疾病和治疗的问题进行回答，还能以此为基础提供一些康复和营养建议。比如你家的小朋友突然胃口不好，你也不知道为什么，这时候就可以问问 ChatGPT，它有强大的整合能力，会把孩子胃口不好的原因条分缕析地全部列出来（图 1–17），你还可以问它该怎么办，让它充当你的“私人健康调理师”。

Q 小孩胃口不好可能是什么原因

A 小孩胃口不好的原因有很多种可能，以下是一些可能的原因：
1. 生长发育阶段：在某些时期，孩子的胃口会变化，比如在生长发育期或者换牙期。
2. 疾病或感染：孩子可能患有消化系统疾病或者感染，例如肠胃炎、感冒等，这些都会影响到孩子的胃口。
3. 厌食症：某些孩子可能会出现食物厌恶或拒绝食物的症状，这可能是因为心理问题或厌食症等疾病引起的。
4. 饮食偏好：孩子可能对某些食物有偏好或者厌恶，这可能与其家庭、文化和生活经历等有关。
5. 营养不良：如果孩子的饮食不均衡或者缺乏营养，可能会导致胃口不好，甚至引起营养不良。

如果孩子的胃口一直不好，建议家长带孩子去看医生，以确定具体原因并得到相应的治疗和指导。

图 1–17 ChatGPT 在医疗保健方面的应用示例

进行代码审查：你是否曾经有过这样的体验，花费了整整一天的时间写代码，但现在实在是太累了，没有精力去复查自己敲下来的代码？这时候 ChatGPT 也能派上用场，你可以要求它去检查代码中的错误并修改，为自己省下大把精力（图 1–18）。

进行代码评论：不少程序员表示这个功能太让他们心动了！如果你给 ChatGPT 一段代码，并且让它做注释去解释每段代码的作用，它就会反馈给你一段注释的代码（图 1–19）。这同样能够帮程序员们省不少事，让工作变得顺畅很多。

Excel 助手：在日常办公中让 ChatGPT 帮我们编写几个 Excel 公

Q 请问以下 Python 代码有什么问题?

```
import os

root_dir = '/home'
for sub_dir in os.listdir(root_dir):
    for sub_file in os.listdir(sub_dir):
        if sub_file.endswith('.txt'):
            continue
        with open(sub_file) as f:
            content = f.read()
            print(content)
```

A 这段代码有以下问题：

1. 在第 4 行中，os.listdir(sub_dir) 返回的是 sub_dir 下的文件列表，但是这里的 sub_dir 仅仅是子目录的名字，缺少父目录路径。需要使用 os.path.join() 方法来构建完整的目录路径，例如：os.path.join(root_dir,sub_dir)。

2. 在第 6 行中，如果 sub_file 的文件名以 ".txt" 结尾，不应该使用 continue 跳过当前循环。但是在第 7 行中，尝试打开 sub_file 文件时，需要使用 os.path.join() 方法来构建完整的文件路径，例如：os.path.join(root_dir,sub_dir,sub_file)。

3. 在第 8 行中，应该使用 with 语句来打开文件，并且需要添加一个 try-except 代码块来捕获文件打开错误，以防止程序崩溃。

因此，修改后的代码如下所示：

```
import os

root_dir = '/home'
for sub_dir in os.listdir(root_dir):
    sub_path = os.path. join(root_dir, sub_dir)
    for sub_file in os.listdir(sub_path):
        file_path = os.path.join(sub_path, sub_file)
        if sub_file.endswith('.txt'):
            try:
                with open(file_path) as f:
                    content = f.read()
                    print(content)
            except IOError:
                print(f"Error opening file {file_path}")
        else:
            continue
```

图 1-18 ChatGPT 在代码审查方面的应用示例

式也是没问题的。我们把表格处理的需求通过文字描述的方式输入给 ChatGPT，ChatGPT 便能生成一段 Excel 公式，经验证，这段公式是实际可用的（图 1-20）。

Q 这是一个 python 代码片段，请帮我把这段代码加上注释

```
from sklearn.neighbors import NearestNeighbors
samples = [[0., 0., 0.], [0., .5, 0.], [1., 1., .5]]

neigh = NearestNeighbors(n_neighbors=1)
neigh.fit(samples)
print(neigh.kneighbors([[1., 1., 1.]]))

X = [[0., 1., 0.], [1., 0., 1.]]
print(neigh.kneighbors(X, return_distance=False))
A = neigh.kneighbors_graph(X)
print(A.toarray())
```

A 以下是带注释的 Python 代码：

```
# 导入 sklearn.neighbors 模块中的 NearestNeighbors 类
from sklearn.neighbors import NearestNeighbors

# 定义样本数据
samples = [[0., 0., 0.], [0., .5, 0.], [1., 1., .5]]

# 创建 NearestNeighbors 对象，设置 k=1
neigh = NearestNeighbors (n_neighbors=1)

# 对样本数据进行拟合
neigh.fit (samples)

# 查找离 [[1.，1.，1.]] 最近的样本点，输出距离和样本点的索引
print (neigh.kneighbors([[1., 1., 1. ]]))

# 定义新的样本数据
X = [[0., 1., 0.], [1., 0., 1.]]

# 查找 X 中每个样本点的最近邻，输出每个样本点最近邻的索引
print (neigh.kneighbors (X, return_distance=False))

# 创建 X 中每个样本点之间的最近邻图，输出邻接矩阵
A = neigh.kneighbors_graph(X)
print (A.toarray())
```

该代码演示了如何使用 sklearn.neighbors 模块中的 NearestNeighbors 类来查找样本数据中每个样本点的最近邻，以及如何创建最近邻图。其中，NearestNeighbors 类中的 n_neighbors 参数用于指定要查找的最近邻的数量，kneighbors 方法用于查找每个样本点的最近邻，kneighbors_graph 方法用于创建最近邻图。

图 1-19 ChatGPT 在代码评论方面的应用示例

前面我们提到了一些 ChatGPT 的基础应用场景，其实它的技能远不止于此，甚至还能在营销、客服、风控等业务里发挥自己的功用。它能直接帮助跨境电商的卖家生成营销内容，在开展智能广告投

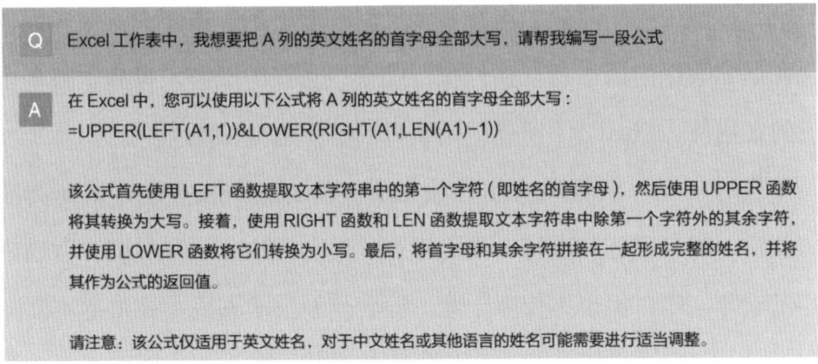

Q　Excel 工作表中，我想要把 A 列的英文姓名的首字母全部大写，请帮我编写一段公式

A　在 Excel 中，您可以使用以下公式将 A 列的英文姓名的首字母全部大写：
=UPPER(LEFT(A1,1))&LOWER(RIGHT(A1,LEN(A1)-1))

该公式首先使用 LEFT 函数提取文本字符串中的第一个字符（即姓名的首字母），然后使用 UPPER 函数将其转换为大写。接着，使用 RIGHT 函数和 LEN 函数提取文本字符串中除第一个字符外的其余字符，并使用 LOWER 函数将它们转换为小写。最后，将首字母和其余字符拼接在一起形成完整的姓名，并将其作为公式的返回值。

请注意：该公式仅适用于英文姓名，对于中文姓名或其他语言的姓名可能需要进行适当调整。

图 1-20　ChatGPT 在 Excel 助手方面的应用示例

放、提供即时客户服务、改善客户体验等方面降本增效。如果你是一个电商平台的店主，需要马上上架一款商品，但是写文案的员工请假了，这个时候你就可以利用 ChatGPT 来迅速生成一段营销文案。当然，前提是你需要告诉它你想要的风格和主题。已经有不少人尝试过拿它生成小红书文案了。类似 ChatGPT 的大型语言模型还可以提升金融业务流程的自动化水平，使得用户信用数据、历史借款记录、还款记录等数据分析以及关键信息要素提取、用户风险等级评估等工作环节都趋向于自动化，全面提升行业的风险识别能力。随着模型的升级更新，相信以后它的“业务范围”也会越来越广。

2023 年 3 月，OpenAI 宣布正式上线了 ChatGPT 插件系统。OpenAI 表示，现在的语言模型虽然在各类任务中都能有所表现，但有的时候结果还不尽如人意。而通过加入更多数据进行训练，则可以不断提升模型效果。OpenAI 将插件形象地比喻成“眼睛和耳朵”，新上线的插件系统能与开发人员定义的 API 进行交互，从而将 ChatGPT

与第三方应用程序对接，这样模型可以获取更多、更新或其他未被包含在训练数据内的信息。插件执行安全、受控的操作，提高了整个系统的实用性，ChatGPT 所能适用执行的范围也变得更为广泛。

总的来说，从相关应用场景来看，ChatGPT 能够进行快速阅读和总结、客户服务和支持、代码审查、代码评论、医疗保健、营销内容生成等工作，但也不仅限于此。随着模型技术和算力技术的不断进步，ChatGPT 也会进一步走向更高阶的迭代版本，为人类在更多的行业和领域内进行应用，并生成更丰富和美好的对话和内容。

但是，ChatGPT 在应用中也不可避免地表现出一些局限和弊端：ChatGPT 的回答不够准确，存在胡诌或混淆等情况，用户需要自行判断；ChatGPT 缺乏人类的判断力，不能辨明真假，无法理解和解决复杂问题，甚至存在伦理风险；ChatGPT 模型需要不断进行训练和调整，需要提供大量的学习语料和算力支持，导致成本巨大；ChatGPT 模型本身也存在不稳定、不透明、无法解释等情况；ChatGPT 给社会带来了失业焦虑和恐慌，有人预测类似大模型的发展会造成大量失业。任何工具都有弊有利，ChatGPT 也不例外。面对 ChatGPT 呈现出的双面性反馈，我们更要对这种工具进行合理化应用。推进人工智能的发展，仍然任重而道远。

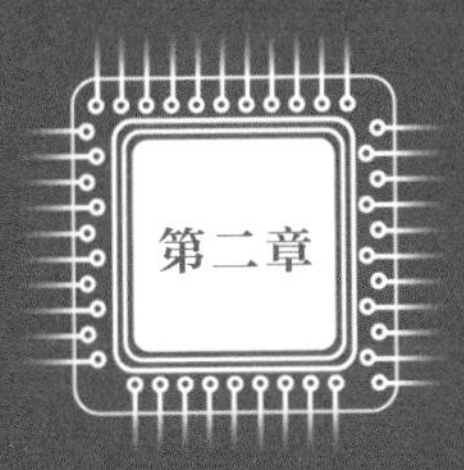

AIGC 的底层逻辑

现在你应该了解我们广泛使用的生成式 AI 是何方神圣了。在本章，我们将更加深入，从底层技术逻辑，也就是“用什么去生成”的角度，继续剖析生成式 AI，让它的“骨骼”和“脉络”展现出来。本章的内容包含生成式 AI 的基础模型，包括 Transformer 模型、GPT 模型和 Diffusion 模型。你可能会觉得这些看起来有点难度，但读完了这一章，你就能理解这些模型的运行逻辑，如此才能更好地应用生成式 AI 为自己服务。

生成式模型基础

人工智能领域经过最近十多年的发展达到目前的高度，技术上最大的功臣无疑是深度学习。而深度学习的爆发式增长状态得益于海量的数据、图形处理器带来的强大算力以及模型的持续改进。2006 年，计算机科学家、认知心理学家杰弗里·辛顿（Geoffrey Hinton）首次提出了“深度信念网络”。与传统的训练方式不同，深度信念网络有一个“预训练”（pre-training）的过程，可以方便地让神经网络中的权值找到一个接近最优解的值，之后再使用“微调”（fine-tuning）来对整个网络进行优化训练。这种分阶段的训练方法大幅度减少了训练深度学习模型的时间。毫无疑问，前文中我们提到的 GPT、ChatGPT、Diffusion 等生成式 AI 模型都属于深度学习模型。那么，什么是深度学习，它和机器学习又有什么关系？有哪些经典的深度学习模型对我们理解最新的生成式 AI 有帮助？本节将为你回答这些问题。

深度学习的前世今生

机器学习是人工智能的分支，它专门研究计算机如何模拟和实现人类的学习行为。在人工智能发展过程中，机器学习占据核心地位。通过各种模型，机器学习可以从海量的数据中习得规律，从而对新的数据做出智能识别或者预测，并且为决策提供支持。深度学习是机器学习的一种。如图 2–1 所示，人工智能是一个范围很大的概念，其中包括了机器学习。机器学习是人工智能提升性能的重要途径，而深度学习又是机器学习的重要组成部分。深度学习解决了许多复杂的识别、预测和生成难题，使机器学习向前迈进了一大步，推动了人工智能的蓬勃发展。那么深度学习又是如何发展起来的呢？

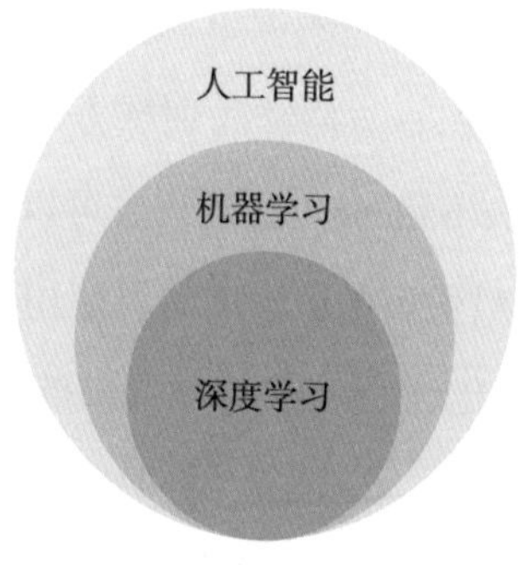

图 2–1　人工智能、机器学习、深度学习关系示意图

深度学习的概念最初起源于人工神经网络（artificial neural networks）。科学家发现人的大脑中含有大约 1000 亿个神经元，大脑平时所进行的思考、记忆等工作，其实都是依靠神经元彼此连接而形成的神经网络来进行的。人工神经网络是一种模仿人类神经网络来进行信息处理的模型，它具有自主学习和自适应的能力。

1943 年，数学家皮茨（Pitts）和麦卡洛克（McCulloch）建立了第一个神经网络模型 M–P 模型，能够进行逻辑运算，为神经网络的发展奠定了基础。生物神经元一共由四个部分组成：细胞体、树突、轴突和轴突末梢。M–P 模型其实是对生物神经元结构的模仿，如图 2–2，左边是生物神经元的示意图，右边是 M–P 模型的示意图。为了建模更加方便简单，M–P 模型将神经元中的树突、细胞体等接收到的信号都看作输入值，轴突末梢发出的信号视作输出值。1958 年，计算机科学家罗森布拉特（Rosenblatt）发明了感知机，它分为三个部分：输入层、输出层和隐含层。感知机能够进行一些简单的模式识别和联想记忆，是人工神经网络的一大突破，但这个感知机存在一个问题，就是无法对复杂的函数进行预测。20 世纪 80 年代，人工智能科学家拉姆梅尔哈特（Rumelhart）、威廉斯（Williams）、辛顿、杨立昆（Yann LeCun）等人发明的多层感知机解决了这个问题，推动了人工神经网络的进一步发展。20 世纪 90 年代，诺贝尔奖获得者埃德尔曼（Edelman）提出 Darwinism 模型并建立了一种神经网络系统理论。他从达尔文的自然选择理论中获得启发，将其与大脑的思维方式联系在了一起，认为“面对未知的未来，成功适应的基本要求是预先存在的多样性”，这与我们现在谈论较多的模型训练和预测方式相契合，对 90 年代神经网络的发展产生了重大意义。

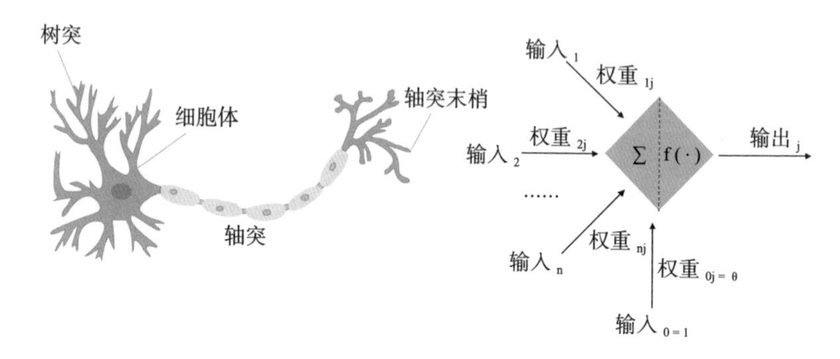

图 2–2　神经元及 M–P 模型示意图

在这之后，神经网络技术再也没有出现过突破性的发展。直到 2006 年，被称为“人工智能教父”的辛顿正式提出了深度学习的概念，认为通过无监督学习和有监督学习相结合的方式可以对现有的模型进行优化。这一观点的提出在人工智能领域引起了很大反响，许多像斯坦福大学这样的著名高校的学者纷纷开始研究深度学习。2006 年被称为“深度学习元年”，深度学习从这一年开始迎来了一个爆发式的发展。2009 年，深度学习应用于语音识别领域。2012 年，深度学习模型 AlexNet 在 ImageNet 图像识别大赛中拔得头筹，深度学习开始被视为神经网络的代名词。同样是在这一年，人工智能领域权威学者吴恩达教授开发的深度神经网络将图像识别的错误率从 26% 降低到了 15%，这是人工智能在图像识别领域的一大进步。2014 年，脸书开发的深度学习项目 DeepFace 在识别人脸方面的准确率达到了 97% 以上。2016 年，基于深度学习的 AlphaGo 在围棋比赛中战胜了韩国顶尖棋手李世石，在世界范围内引起轰动，这一事件不但使深度学习受到了认可，人工智能也因此被社会大众熟知。2017 年，深度学习开始在各个领域展开应用，如城市安防、医学影像、金融风控、课堂教学等，一直到最近的现象级产品 ChatGPT，它在不知不觉中已经渗透到我们的生活中。

深度学习的经典模型

经过上面的介绍，我们知道了深度学习属于机器学习，也知道了深度学习是怎样从人工神经网络一步一步发展起来的。那么，深度学习到底是什么呢？深度学习是建立在计算机神经网络理论和机器学习理论上的科学，它使用建立在复杂网络结构上的多处理层，结合非线性转换方法，对复杂数据模型进行抽象，能够很好地识别图像、声音和文本。下面，我们就来介绍两种深度学习的经典模型：CNN 和 RNN。

CNN 的全称是 convolutional neural network，也就是卷积神经网络。对卷积神经网络的研究出现于 20 世纪 80 至 90 年代，到了 21 世纪，随着科学家们对深度学习的深入研究，卷积神经网络也得到了飞速的发展，该网络经常用于图像识别领域。如图 2–3，卷积神经网络共分为以下几个层级部分：输入层（input layer）、卷积层（convolution layer）、池化层（pooling layer）、全连接层（fully connected layer）。

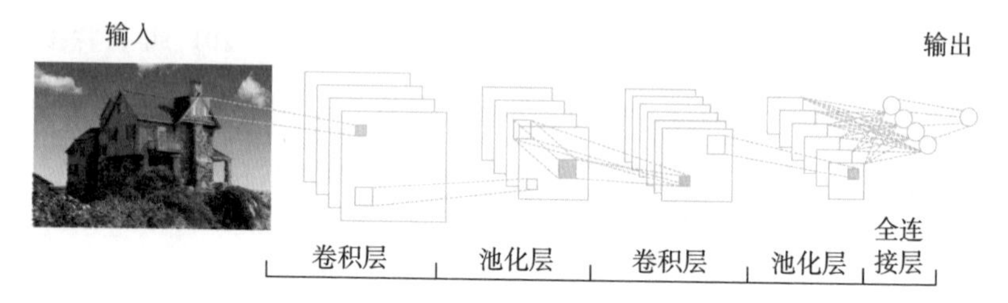

图 2-3 卷积神经网络工作过程示意图

当图像进入输入层，模型会对这个图像进行一些简单的预处理，比如说降低图像维度，便于图像识别。卷积层里的神经元会对图像进行各个维度的特征提取。这一提取动作不是针对原图像进行的，而是仅对图像的局部进行特征提取，比如说需要识别的是一张包含小狗的照片，神经元只负责处理这张照片中的一小部分，例如狗的耳朵、眼睛。卷积层对图像进行不同尺度的特征提取，大大丰富了获取特征的维度，有助于提升最终识别的准确度。池化就是对图像进行压缩降维，减少图像识别需要处理的数据量。全连接层需要做的就是将前面所提取出来的所有图像特征连接组合起来，如图 2-4 中，将提取到的小狗的头、身体、腿等局部特征组合起来，形成一个完整的包含小狗的特征向量，然后识别出类别。这就是卷积神经网络进行图像识别的全过程。

通过对卷积神经网络工作过程的梳理，我们可以总结出卷积神经网络的三个特性：第一，图像识别不需要识别图像的全部，每个神经元只需要聚焦图像的一小部分，识别的难度降低；第二，卷积层对应的神经元可以应用于不同的图像识别任务，比如图 2-4 中的神经元，

图 2-4 卷积神经网络图像识别过程示意图

经过训练，已经能够识别出小狗，那这些神经元也可以应用于识别其他任何图像中的相似物体；第三，虽然图像特征的维度降低了，但是由于保留了图像的主要特征，所以并不影响图像识别，反而减少了识别图像需要处理的数据量。这三个特性决定了卷积神经网络非常适合用于图像识别。例如由牛津大学开发的 VGG 模型就是基于卷积神经网络模型建立的，它在识别物体的候选框生成、图像的定位与检索等方面十分准确，这使得它在 2014 年 ImageNet 竞赛定位任务中获得了第一名。

人工神经网络和卷积神经网络在深度学习领域都占有一席之地，但它们识别的都是独立的事件。比如卷积神经网络非常擅长识别独立的图像，如果让它识别一百张照片，输出的结果互相不受任何影响，但是让它识别或者预测一句连续的话，比如理解一个寓言故事或者翻译一段英文，可能就没有这么好的效果了。可是在现实生活中，我们会遇到很多连续的事件，比如“小明每次去超市都会买很多苹果，因为他最喜欢吃（　）”，联系上下文，我们都可以很容易推测出括号里应该是“苹果”这个词，因为括号前的“吃”字是一个动词，动词后面经常跟着的是名词，而这个句子中的名词只有“苹果”最合适。为了能够识别这些连续性很强的事件，弥补人工神经网络和卷积神经网络的不足，RNN 模型诞生了。

RNN 的全称是 recurrent neural network，也就是循环神经网络。对循环神经网络的研究最早出现于 20 世纪 80 年代末，由几位神经网络专家提出，该模型经常用于时序信号（如语音）的识别和理解。

循环就是重复的意思，循环神经网络模型在运行时会对同一个序列进行循环重复的操作。序列是被排成一列的对象，序列中的元素相互依赖，排列顺序非常重要，比如时序数据、对话等，一旦顺序错乱，含义和作用都会发生巨大改变。循环神经网络解决了卷积神经网络不能很好地识别连续性事件的问题，在深度学习领域发挥着不可替代的作用。

循环神经网络之所以能对连续性事件进行识别，是因为它不仅将当前的输入数据作为网络输入，还将之前感知到的数据一并作为输入。根据记忆的长短，从第一层开始，将激活传递到下一层，以此类推，最后得到输出结果。图 2-5 表示的就是一个循环神经网络的示意图，它由输入层、隐藏层和输出层三部分组成。循环就发生在隐藏层。隐藏层里一般会设置一个特定的预测函数，当我们向循环神经网络模型输入一个连续性事件后，在隐藏层的这个函数就会进行运算，这个运算结果又可以作为输入进入隐藏层再一次进行运算。如此这般，就形成了一个不断循环的预测，这个预测既与新输入的数据有关，也取决于每一次循环的输入。

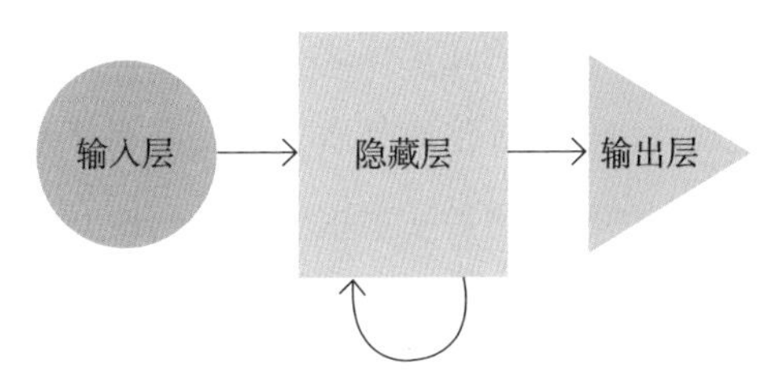

图 2-5　循环神经网络原理示意图

连续性数据在日常生活中出现的频率之高决定了循环神经网络有着广泛的应用空间。例如，我们可以依靠循环神经网络预测一句话中的下一个词语或一篇文章中的下一句话是什么，以此来生成文本，写稿机器人就可以基于循环神经网络来实现这一点。循环神经网络模型还可以将文本翻译成其他的语言，所以也广泛用于机器翻译。循环神经网络的另一个常见应用是语音识别，我们现在使用的很多智能语音助手都应用了循环神经网络。

随着经济的发展，股票市场的规模不断扩大，股票的价格波动也存在一定的规律，而循环神经网络在股市预测方面有先天的优势，大量股市历史数据的积累使得循环神经网络可以习得股价的走势规律，根据前一段时间的股价波动情况大致预测出之后的股价走势。比如，循环神经网络发现，某只股票价格连续下跌超过七天，之后就会缓慢上涨，并且在很长一段时间内这只股票的价格都呈现出这个规律，那么当这只股票的价格再一次持续下跌，下跌的第七天就是股民买入的最好时机。实践证明，循环神经网络对于股价的预测能够较好地拟合真实数据，具有很高的应用价值。

循环神经网络还可以有效地进行文本识别。以电商领域为例，如何结合用户的主观评价正确评估商品质量以及商家等级成为一个亟待解决的问题。在循环神经网络的文本识别功能的帮助下，我们可以很好地解决这个问题。在循环神经网络分析评论的过程中，最重要的一个步骤是对用户的主观评价进行处理，即通过循环神经网络分析用户的商品评论，再将其转化为对商家的等级评价。比如，循环神经网络识别出不同的商家同时在售卖同一种商品，但在商品质量方面，商家甲的好评数远远高于商家乙，那么在这一方面，商家甲的等级评价就会高于商家乙。影响商家等级评价的因素还有很多，比如服务态度、发货速度，以及商品与描述相符度等，将这些因素全部考虑在内，就会形成一个全面的商家等级评价。循环神经网络在商家评价方面的应用使用户不会被大量的商品信息以及主观评价迷惑，更容易找到符合自身需求并且质量上乘的商品。

GAN

GAN 的全称是 generative adversarial networks，即生成式对抗网络，由伊恩·古德费洛（Ian Goodfellow）等人在 2014 年提出，此后

各种花式变体，如 CycleGAN、StyleGAN 等层出不穷，在“换脸”“换衣”等场景下生成的图片和视频足以以假乱真。2020 年，PaddleGAN 实现的表情迁移模型能用一张照片生成一段唱歌视频，使“蚂蚁呀嘿”等各种搞笑视频火遍全网。

下面，我们来了解什么是生成式对抗网络。生成式对抗网络是基于无监督学习方法的一种模型，即通过两个神经网络相互博弈的方式进行学习，这两个神经网络一个是生成网络，另一个是判别网络。生成网络从潜在空间中随机取样作为输入，如图 2-6 所示，生成网络接收噪声向量，再将这个噪声向量转换为虚拟数据，其输出结果需要尽量模仿训练集中的真实样本，然后将虚拟数据发送到判别网络进行分类。而判别网络的输入则为真实样本和生成网络的输出结果，其工作是将生成网络的输出与真实样本区别开来。两个网络相互对抗、不断调整参数，最终达到生成网络的输出结果与真实样本无二。

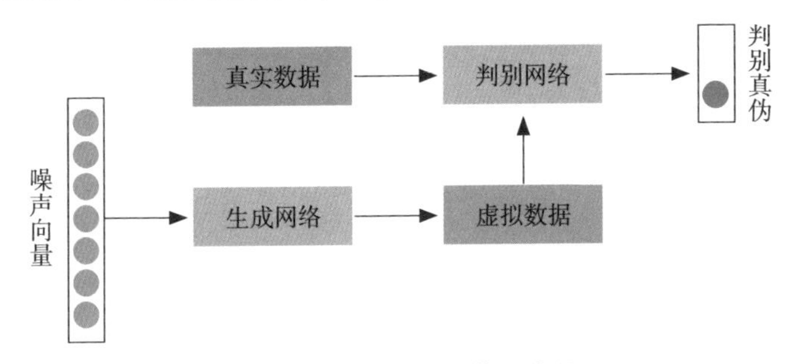

图 2-6 GAN 网络架构示意图

通俗来说，GAN 的工作原理类似于这样的场景：一个男生试图拍出摄影师级别的照片，而一个女生要找出照片的瑕疵。这个过程是男生先拍出一些照片，然后由女生分辨出男生拍的照片与摄影师级别的照片的区别。男生再根据反馈改进自己的拍摄技术和方法，拍出一些新的照片，女生再对这些新照片继续提出修改意见，直到达到均衡状态——女生无法再分辨男生拍的照片与摄影师级别的照片有什么区别。

通过这种方式，GAN 能够从多个维度学习到大量无标注数据的特性。以往的模型训练过程，要标注员将输入数据打上标签之后，模型才开始进行学习；而利用生成网络和判别网络之间的相互对抗，GAN 可自发学习输入数据的规律，确保生成结果接近训练集中的真实样本，从而实现无标注数据的学习。其实，GAN 和所有的生成式模型都一样，目标就是拟合训练数据的分布，对于图片生成任务来说，就是拟合训练集图片的像素概率分布。

了解了 GAN 的基本原理，我们看一下 GAN 的应用领域。第一，条件生成。GAN 可以基于一段文字生成一张图片，或者基于一段文字生成一段视频。第二，数据增强。GAN 可以学习训练集样本的分布，然后进行采样，生成新的样本，我们可以使用这些样本来增强训练集。第三，风格迁移。GAN 可以将一张图片的风格转移到另外一张图片上，这一应用可以被认为是把“风格图片”的风格加入到“内容图片”里，GAN 能够很好地从图片中学习到画家的真正风格特征（图 2–7）。

图 2-7 GAN 模型实现图片的风格迁移

如今，深度学习的爆发式增长已经触及了社会生活、产业发展和科学研究的方方面面。通过深度学习，我们既可以识别图片、预判趋势，又可以优化业务决策，更可以自动生成新的样本和内容。虽然以深度学习为核心的人工智能与人类认知尚有较大的差距，但作为人类思维的辅助工具，深度学习已经成为现在和未来的必然发展趋势。本节介绍的 CNN、RNN 和 GAN 都是深度学习模型的典型代表，后续我们在介绍各类生成式 AI 模型的时候会再次提及它们。

Transformer 和 ChatGPT 模型

我们前面已经介绍过，Transformer 与 ChatGPT 模型的出现密切相关。事实上，Transformer 自提出之后就被广泛应用并不断扩展。例如 DeepMind 公司就应用 Transformer 构建了蛋白质结构预测模型 AlphaFold 2，现在 Transformer 也进入了计算机视觉领域，在许多复杂任务中正慢慢取代卷积神经网络。

可以说，Transformer 已经成为深度学习和深度神经网络技术进步的最亮眼成果之一。Transformer 究竟是何方神圣，能够催生出像 ChatGPT 这样的最新人工智能应用成果？下面就为你揭秘。

序列到序列（seq2seq）

提到 Transformer，大家肯定首先想到的就是“transform”这个词，也就是“转换”的意思。而顾名思义，Transformer 也就是“转换器”的意思。为什么一个技术模型要叫“转换器”呢？其实，这也正是 Transformer 的核心，也就是它能实现的功能——从序列到序列。但这个从序列到序列，可不是简单地从一个词跳到另一个词，中间要经过很多道“工序”，才能实现想要的效果。

很多人肯定对“序列”这个词感到疑惑，实际上它是由英文单词“sequence”翻译过来的。序列，指的是文本数据、语音数据、视频数据等一系列具有连续关系的数据。不同于图片数据，不同图片之间往往不具有什么关系，文本、语音和视频这种数据具有连续关系。这些数据在这一时刻的内容，往往与前几个时刻的内容相关，同样也会影响着后续时刻的内容。

在机器学习中，有一类特殊的任务，专门用来处理将一个序列转换成另外一个序列这类问题。例如我们熟知的翻译任务，就是将一种语言的文字序列转换成另一种语言的文字序列。再例如机器人聊天任务，本质上也是将问题对应的文字序列转换成回答对应的文字序列。我们将这种问题称为序列到序列问题，也是 Transformer 的核心、深度学习最令人着迷的领域之一。表 2-1 中列举了一些序列到序列问题，包括其任务类型、输入内容和输出内容。

表 2-1　序列到序列问题示例

任务类型	输入内容	输出内容
机器翻译	一种语言的文字	另外一种语言的文字
语音识别	一段人说话的语音	语音中人说的话
生成图片	一段对图片内容的描述文字	一张符合描述的图片

（续表）

任务类型	输入内容	输出内容
生成音乐	一段对音乐的描述文字	一段符合描述的音乐
DNA 序列分析	一段 DNA 序列	其中最关键的片段
工程建设排期	一段对工程建设排期的描述文字	一张工程建设排期表
工业控制编程	一段对工业控制逻辑的描述文字	一个工业控制程序

序列到序列任务一般具有以下两个特点：

（1）输入输出序列都是不定长的。比如说机器翻译场景下，待翻译的句子和翻译结果的长度都是不确定的。

（2）输入输出序列中元素之间是具有顺序关系的。不同的顺序，得到的结果应该是不同的，比如“我不喜欢”和“喜欢我不”这两个短语表达了两种完全不一样的意思。

深度神经网络在解决输入和输出是固定长度的向量问题时，如图像识别，表现还是很优秀的，如果长度有一点变化，它也会灵活采用补零等手段来解决问题。但是对于机器翻译、语音识别、智能对话等问题，即将文本表示成序列后，事先并不知道输入输出长度，深度神经网络的处理效果就不尽如人意了。因此，如何让深度神经网络能够处理这些不定长度的序列问题，自 2013 年以后就成了研究界的热点，序列到序列模型也就在此基础上诞生了。

序列到序列模型一般是由编码器（encoder）和解码器（decoder）组成的。图 2-8 是一张标准的编解码机制结构图，其工作流程可以简单描述为，在编码器侧对输入序列进行编码，生成一个中间的语义编码向量，然后在解码器侧对这个中间向量进行解码，得到目标输出序列。以中译英场景为例，编码器侧对应的输入是一段中文序列，解码器侧对应的输出就是翻译出来的英文序列。

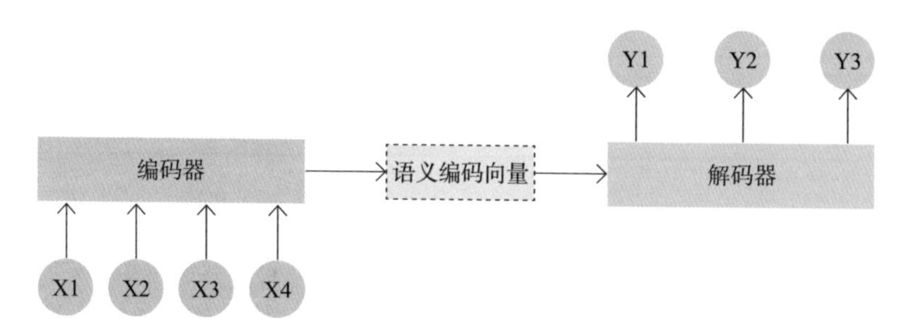

图 2-8　编解码机制结构图

在实际应用过程中，序列到序列模型的输入输出数据可以是不同形式的数据，对应的编码器侧和解码器侧采用的模型结构可以是不同的。例如，可以输入一张图片，输出针对图片的一段描述，实现“看图说话”的功能，这时候编码器侧可以采用 CNN 模型，而解码器侧可以采用 RNN 模型；反过来，也可以输入一段文字描述，生成一张图片，对应的编码器侧和解码器侧采用的模型也就颠倒过来。利用这样一种机制，编码器–解码器结构几乎可以适配所有序列到序列的问题。

序列到序列模型看似非常完美，但是在实际使用的过程中仍然会遇到一些问题。比如在翻译场景下，如果句子过长，会产生梯度消失的问题。由于解码时使用的是最后一个隐藏层输出的定长向量，那么越靠近末端的单词会被“记忆”得越深刻，而远离末端的单词则会被逐渐稀释掉，最终模型输出的结果也因此不尽如人意。面对这些问题，研究人员也提出了对应的解决方案，比如加入注意力（attention）机制。

注意力机制

上面我们提到，传统的编码器-解码器架构对序列长度有限制，本质原因是它无法体现对一个句子序列中不同词语的关注程度。在不同的自然语言处理任务中，一个句子中的不同部分是有不同含义和重要性的，比如“我喜欢这本书，因为它讲了很多关于养花的知识”这句话：如果对这句话做情感分析，训练的时候明显应该对“喜欢”这个词语进行更多的关注；而如果基于书的内容进行分类，我们应该更关注“养花”这个词。这就涉及我们接下来要谈的注意力机制，这其实是借鉴了人类的注意力思维方式：人类从直觉出发，能利用有限的注意力，从大量信息中快速获取最有价值的信息。

注意力机制通过计算编码器端的输出结果中每个向量与解码器端的输出结果中每个向量的相关性，得出若干相关性分数，再进行归一化处理将其转化为相关性权重，用来表征输入序列与输出序列各元素之间的相关性。注意力机制训练的过程中，不断调整、优化这个权重向量，最终目标就是要帮助解码器在生成结果时，对于输入序列中每个元素都能有一个合理的相关性权重参考。

自注意力机制是注意力机制的一种变体。它减少了对外部信息的依赖，更擅长捕捉数据或特征的内部相关性。例如这样一句英文："He thought it was light before he lifted the backpack."（在举起这个背包之前，他觉得它是轻的。）这里"light"的意思是"灯"还是"轻的"呢？这就需要我们联系上下文来理解。我们在看到"backpack"之后就应该知道，这里的"light"很大概率指的是"轻的"。自注意力机制会计算每个单词与其他所有单词之间的关联，在这句话里，当翻译"light"一词时，"backpack"一词就有较高的相关性权重。

实践证明，自注意力机制确实能帮助模型更好地挖掘文本内部的前后关联，更符合自然语言处理任务的一般化要求，在性能上更是超过普通序列到序列模型。Transformer 就是通过结合多个自注意力机制，来学习内容在不同空间表示里面的特征，从而将"无意"序列转换为"有意"序列。

Transformer

Transformer 模型在普通的编码器-解码器结构基础上做了升级，它的编码端是由多个编码器串联构成的，而解码端同样由多个解码器构成（图 2-9）。它同时也在输入编码和自注意力方面做了优化，例如采用多头注意力机制、引入位置编码机制等等，能够识别更复杂的语言情况，从而能够处理更为复杂的任务。

下面我们详细说明一下，如图 2-10。首先看编码器部分。Transformer 模型的每个编码器有两个主要部分：自注意力机制和前

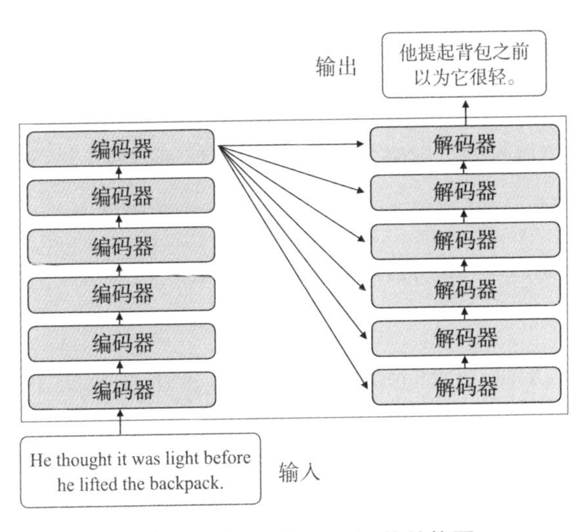

图 2-9　Transformer 网络结构图

馈神经网络。自注意力机制通过计算前一个编码器的输入编码之间的相关性权重，来输出新的编码。之后前馈神经网络对每个新的编码进行进一步处理，然后将这些处理后的编码作为下一个编码器或解码器的输入。

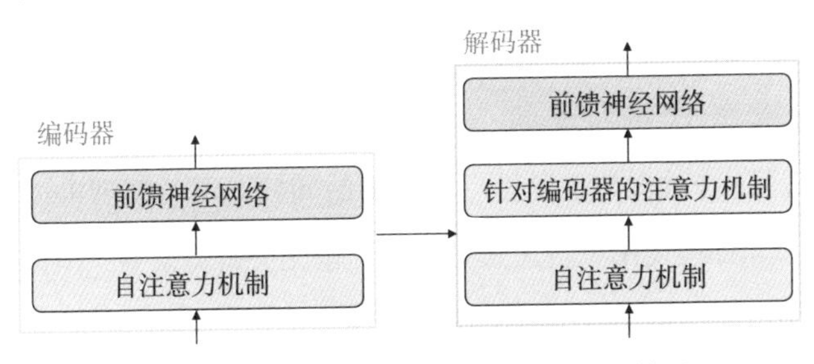

图 2-10　Transformer 编解码器内部结构图

之后是解码器部分。解码器部分也由多个解码器组成，每个解码器有三个主要部分：自注意力机制、针对编码器的注意力机制和前馈神经网络。可以看到，解码器和编码器类似，但多了一个针对编码器的注意力机制，它从最后一个编码器生成的编码中获取相关信息。最后一个解码器之后一般对接最终的线性变换和归一化层，用于生成最后的序列结果。

注意力方面，Transformer 采用的是多头注意力（multi-head attention）。简单点说，不同标记相互之间的注意力通过多个注意力头来实现，而多个注意力头针对标记之间的相关性来计算注意力权重（图 2–11）。如在一个句子中，某个注意力头主要关注上一个单词和下一个单词的关系，而另一个注意力头就会把关注点放在句子中动词和其对应宾语的关系上。而在实际操作中，这些注意力头的计算都是同步进行的，这样整体反应速度就会加快。这些注意力头的计算完成以后会被拼接在一起，由最终的前馈神经网络层进行处理后输出。

为了便于理解，我们来看这样一个例子："The monkey ate the banana quickly and it looks hungry."（猴子快速地吃了香蕉，它看起来很饿。）这句话中的"it"指的是什么？是"banana"还是"monkey"？这对人类来说是一个简单的问题，但对模型来说却没有那么简单，即便使用了自注意力机制，也无法避免误差，但是引入多头注意力机制就能很好地解决这个问题。

在多头注意力机制中，其中一个编码器对单词"it"进行编码时，可能更专注于"monkey"，而另一个编码器的结果可能认为"it"

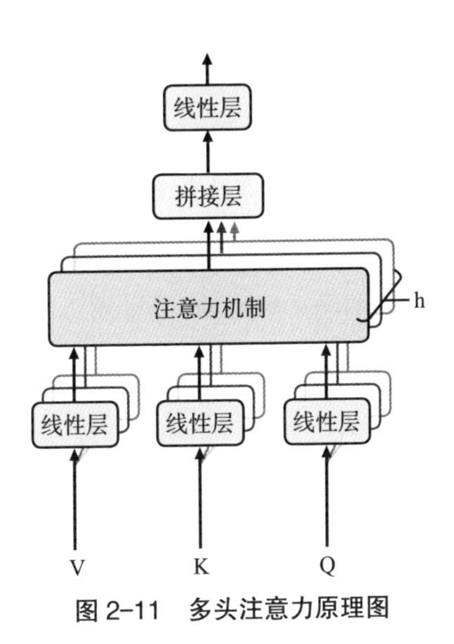

图 2-11　多头注意力原理图

和“banana”之间的关联性更强，这种情况下模型最后输出的结果较大可能会出现偏差。这时候多头注意力机制就发挥了作用，有其他更多编码器注意到“hungry”，通过多个编码结果的加权组合，最终单词“hungry”的出现将导致“it”与“monkey”之间产生更大的关联性，也就最大限度上消除了语义理解上的偏差。

位置编码（positional encoding）机制也是 Transformer 特有的。在输入的时候，加上位置编码的作用在于计算时不但要知道注意力聚焦在哪个单词上面，还需要知道单词之间的相对位置关系。例如："She bought a book and a pen."（她买了书和笔。）这句话中的两个“a”修饰的是什么？是“book”还是“pen”？意思是“一本”还是“一支”？这对人类来说也是一个简单的问题，但对模型来说却比较困难，如果只使用自注意力机制，可能会忽略两个“a”和它们后面名词之间的关系，而只关注“a”和其他单词之间的相关性。引入位置编码就能很好地解决这个问题。通过加入位置编码信息，每个单词都会被加上一个表示它在序列中位置的向量。这样，在计算相关性时，模型不仅能够考虑单词之间的语义相关性，还能够考虑单词之间的位置相关性，也就能够更准确地理解句子中每个单词所指代或修饰的对象。

通过引入多头注意力机制、位置编码等方式，Transformer 有了最大限度理解语义并输出相应回答的能力，这也为后续 GPT 模型这种大规模预训练模型的出现奠定了基础。

GPT 系列模型

GPT 属于典型的“预训练 + 微调”两阶段模型。一般的神经网络在进行训练时，先对网络中的参数进行随机初始化，再利用算法不断优化模型参数。而 GPT 的训练方式是，模型参数不再是随机初始化的，而是使用大量通用数据进行“预训练”，得到一套模型参数；然后用这套参数对模型进行初始化，再利用少量特定领域的数据进行训练，这个过程即为“微调”。预训练属于迁移学习的一种。预训练语言模型把自然语言处理带入了一个新的阶段——通过大数据预训练加小数据微调，自然语言处理任务的解决无须再依赖大量的人工调参。

GPT 系列的模型结构秉承了不断堆叠 Transformer 的思想，将

Transformer 作为特征抽取器，使用超大的训练语料库、超多的模型参数以及超强的计算资源来进行训练，并通过不断提升训练语料的规模和质量，提升网络的参数数量，完成迭代更新。GPT 模型的更新迭代也证明了，通过不断提升模型容量和语料规模，模型的能力是可以不断完善的。

相较于 GPT-1，GPT-2 不仅增加了训练数据的数量、提高了训练数据的质量，而且能够直接用无监督（即不需标注样本）的方法来做下游任务。GPT-3 则是用“45TB（万亿字节）的训练数据，175B（1750 亿个）参数的参数量”这样的数据量把模型规模做到了极致。这也使得 GPT-3 模型无须或者使用极少量的样本进行微调就能完成特定领域的自然语言处理任务，并且在很多数据集上直接超过了经过精心调整的微调模型的效果，这样在节省模型训练时间的同时，特定领域中需要大量标注语料的问题也迎刃而解。

ChatGPT 是在 GPT-3.5 模型基础上的微调模型。在此基础上，ChatGPT 采用了全新的训练方式——“从人类反馈中强化学习”。通过这种方式的训练，模型在语义理解方面展现出了前所未有的智能。

如图 2-12 所示，ChatGPT 的训练分为三个步骤。

第一步，通过人工标注的方式生成微调模型。标注团队首先准备一定数量的提示词样本，一部分由标注团队自行准备，另一部分来自 OpenAI 现有的数据积累。然后，他们对这些样本进行了标注，其实就是人工对这些提示词输出了对应的答复，从而构成了“提示词—答复对”这样的数据集。最后用这些数据集来微调 GPT-3.5，得到一个

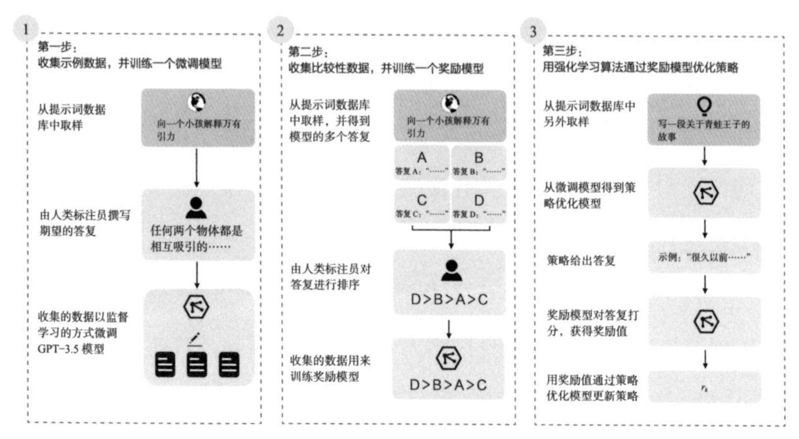

图 2-12 ChatGPT 模型训练步骤

微调模型。

第二步，训练一个可以评价答复满意度的奖励模型。同样准备一个提示词样本集，让第一步得到的模型来对其进行答复。对于每个提示词，要求模型输出多个答复。标注团队需要做的工作，就是将每个提示词的答复进行排序，这其中隐含了人类对模型输出效果的预期，以此形成了新的标注数据集，最终用来训练奖励模型。通过这个奖励模型，可以对模型的答复进行打分，也就为模型的答复提供了评价标准。

第三步，利用第二步训练好的奖励模型，通过强化学习算法来优化答复策略。这里采用的是一种策略优化模型，它会根据正在采取的行动和收到的奖励不断调整当前策略。具体来说，首先准备一个提示词样本集，对其中的提示词进行答复，然后利用第二步训练好的奖励模型去对该答复进行打分，根据打分结果调整答复策略。在此过程中，人工已经不再参与，而是利用“AI 训练 AI”的方式进行策略的更新。最终重复这个过程多次之后，就能得到一个答复质量更好的策略。

就是经过这样一步步的训练，ChatGPT 逐渐成形，一经问世，其优秀的自然语言处理能力就获得了全世界的瞩目。2023 年 3 月 OpenAI 发布了更为强大的 GPT-4，但 ChatGPT 在自然语言处理领域依然具有里程碑式的意义。我们已对 ChatGPT 的实现原理及核心技术 Transformer 有了一定了解，相信在不久的将来，这一最新成果将会为 AIGC 的应用创造出更多的可能。

Diffusion 模型

促进 AIGC 领域快速发展的另一大功臣当然要数 AI 绘画技术的进步。尤其是 2022 年 4 月 OpenAI 发布的一款强大的 AI 绘画工具——DALL · E 2，使得 AI 绘画的发展进入了新纪元。运用该工具，只需输入简短的文字，就可以生成全新的图像。DALL · E 2 的发布引发了内容创作领域的又一次热潮。AI 绘画工具的出现将极大地解放设计工作者的双手，促进新一代内容生产工具的变革。

一时之间，网络上出现了各种使用 DALL · E 2 生成的图像。从穿格子衫的动物卡通形象到优美的山水画，再到科技主题的 PPT 商用配图，DALL · E 2 都能手到擒来。值得一提的是，这些作品都是真正“创作”出来的，在网络图库中找不到一模一样的作品。图 2–13 展示了 DALL · E 2 根据“cowboy skiing, oil painting”（牛仔在滑雪，油画风格）生成的图像。

图 2-13　DALL · E 2 模型输出效果示例

DALL · E 2 既是内容创作领域的革命性工具，同时也成为图像生成和处理技术领域的新标杆，而它背后的技术核心——Diffusion 模型也受到了广泛的关注。2022 年 8 月，由 Stability AI 公司开发的另一款文本生成图像产品——Stable Diffusion，同样基于 Diffusion 模型实现。之后一个名叫 Midjourney 的研究实验室研发出同名模型，并且在 2022 年 11 月发布了 v4 版本，该模型在商业文字转图片方面展示出令人震撼的可用性，同样利用了 Diffusion 模型技术。

什么是 Diffusion

事实上，在 Diffusion 模型出现之前，以 GAN（生成对抗网络）模型为基础的图像生成模型还一直是研究的主流，但是 GAN 存在一些已知的缺陷。它可能不能学习完整的概率分布，比如用各种动物的图像训练 GAN，它可能仅生成狗的图像；另外，还存在难训练等阻碍其广泛使用的一些技术问题。而 Diffusion 模型利用最新的训练技术，跨越了 GAN 模型调优的阶段，可以直接用来做特定领域的任务，能实现令人震惊的生成效果，这也使得 Diffusion 模型领域的研究呈现出百花齐放的状态。

Diffusion 在中文中被译为“扩散”。扩散是一种物理学现象，指的是一种基于分子热运动的输运现象，是分子通过布朗运动从高浓度区域向低浓度区域转移的过程。它是趋向于热平衡态的过程，也是熵驱动的过程。这是一个常见的例子：一滴墨水扩散到整个盛水的容器中。在这个扩散过程中，尝试计算容器的某个小体积内墨水分子的分布情况，是非常困难的，因为这种分布很复杂，也很难取样。但是，墨水最终会完全扩散到水中，这时候就可以直接用数学表达式来描述这种均匀且简单的分子概率分布。统计热力学可以描述扩散过程中每一时刻的概率分布，而且每一时刻都是可逆的，只要步间距足够小，就可以从简单分布重新回到复杂分布。

Diffusion 模型亦即扩散模型，最早是 2015 年在《基于非平衡热力学的深度无监督学习》（Deep Unsupervised Learning using Nonequilibrium Thermodynamics）论文中提出的。作者受统计热力学的启发，开发了一种新的生成模型。想法其实很简单：首先向训练数据集中的图像不断加入噪声，使之最终变成一张模糊的图像，这个过程就类似于向水中加入一滴墨水，墨水扩散，水变成淡蓝色，然后教模型学习如何逆转这一过程，将噪声转化为图像。下面我们详细介绍一下这个过程是如何进行的。

如图 2-14，扩散模型的算法实现分为两个过程：正向扩散过程和逆向扩散过程。正向扩散过程可以描述为逐渐将高斯噪声应用于图像，直到图像变得完全无法识别。正如图 2-14，通过正向扩散过程，图中的风景变得模糊起来，直到最后一整张图变成马赛克。这个过程看上去充满随机性，但实际上是存在特定意义的，整个过程可以表述为正向扩散过程的马尔可夫链——描述从一个状态到另一个状态的转换的随机过程。而这个随机过程中的每一个状态概率分布，只能由其前一个状态决定，与其他状态无关。对应地，我们可以把整个正向扩散过程的每一张图片定义为一个状态，那每一张图片是什么样子只跟它的上一张图片有关，并且遵循一定的概率分布。如此我们首先得到了一个定义明确的正向过程。

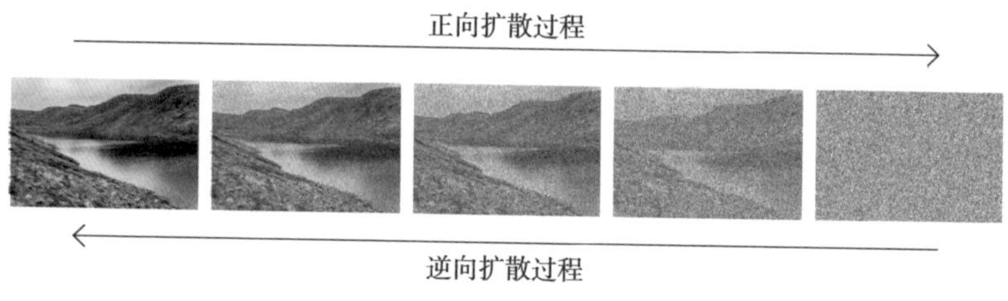

图 2-14　扩散模型的扩散过程

那如何应用这一过程将马赛克图像恢复到原始图像？其中的问题在于，从正向过程推导出明确的逆向过程是非常困难的。这一点根据实际情况也可以想象得到，一张多次加入随机噪声的非常模糊的图像，几乎是不可能完全恢复成原始图像的。于是扩散模型采用的是一种近似的方式，即通过神经网络学习的方式近似计算逆向扩散过程的概率分布。应用这种方法之后，即便是一张多次加入噪声后变得完全模糊的图像，也能被恢复成一张接近原始模样的图像，而且随着模型的迭代学习，最终生成的结果也将更符合要求。

通过正向扩散和逆向扩散两个过程，扩散模型就能实现以一张原始图像为基础，生成一张全新的图像。这大大降低了模型训练过程中数据处理的难度，相当于用一个新的数学范式，从另一个角度定义“生成”过程。和 GAN 模型相比，扩散模型只需要训练“生成器”，训练目标函数简单，而且不需要训练别的网络，实现了易用性的极大增强。

扩散模型在提出之初并没有受到很大的关注。这一方面是因为当时 GAN 模型大行其道，研究人员的研究重心依然围绕在 GAN 基础上的优化，另一方面是因为最开始的扩散模型生成的结果不是很理想，而且由于扩散过程是一个马尔可夫链，其缺点就是需要比较多的扩散步数才可以获得比较好的效果，这导致了样本生成很慢。正如前述论文作者回忆时称的，“当时，这个模型并不令人惊喜”。

殊不知，更现代化的图像生成技术已悄悄萌芽，这一新的生成模型迸发出了令人意想不到的生命力，真正地登上了历史舞台，生成式图像应用也进入了“文本到图像”的摩登时代。

文本到图像

2020 年，OpenAI 团队发布了 GPT-3 模型，正如我们之前介绍的，GPT-3 是基于 Transformer 的多模态全能语言模型，能够完成机器翻译、文本生成、语义分析等多种自然语言处理任务，也被认为是当时最强大的文本模型。随后不久，2021 年 1 月，OpenAI 团队发布了一款新的图像生成模型——DALL · E 模型，该模型能够根据文本生成效果惊艳的图像，可以看作 Transformer 功能向计算机视觉领域的自然扩展，其参数量达到了 120 亿，被称为“图像版 GPT-3”。

怎么理解“由文本生成图像”呢？其实很简单，在 DALL · E 官网上，我们能够找到一些例子。例如输入提示词“牛油果形状的椅子”，DALL · E 便会按要求生成一批图像（图 2-15），这些图像中都有一个椅子，其形状和颜色都和牛油果相近。

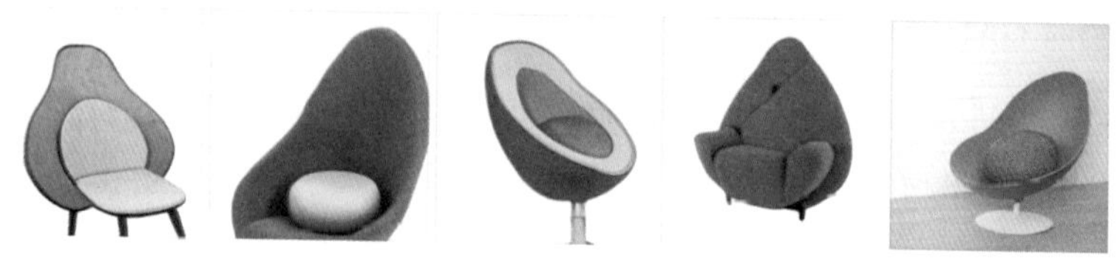

图 2-15　牛油果形状的椅子示例

图片来源：https://openai.com/research/dall-e

再例如输入提示词“一个写着 openai 字样的店面”，DALL · E 生成的图像也基本符合要求，图像中各个店铺门口都有 openai 字样的标志（图 2-16）。

图 2-16　写着 openai 字样的店面示例

图片来源：https://openai.com/research/dall-e

DALL · E 图像生成模型一方面能够理解提示词的要求，另一方面能够按要求绘制出足够准确的图像。相比之前的由图像生成图像的方式，这种直接由文本到图像的生成方式看上去更加智能，显然也更符合人们的使用习惯，因此一出现就受到世人的追捧。这种由文本生成图像的方式，也成为后来图像生成类模型所采用的典型模式，DALL · E 后续的升级版本 DALL · E 2，以及 Stable Diffusion、Midjourney 等模型都是这种类型的。接下来我们以 Stable Diffusion 为例，细说“字”是怎么变成“画”的。

Stable Diffusion

Stable Diffusion 是由 Stability AI 主导开发的文本生成图像模型，其交互简单，生成速度快，在极大地降低了使用门槛的同时还保持了令人惊讶的生成效果，从而掀起了另一股 AI 绘画的创作热潮。

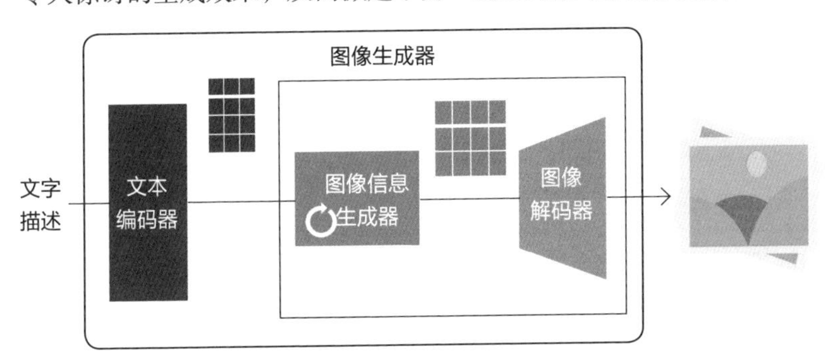

图 2-17 Stable Diffusion 模型内部结构

从图 2-17 可以看到，Stable Diffusion 内部可以分为两个部分，即文本编码器和图像生成器。Stable Diffusion 的工作原理就是通过文本编码器将语义转化为计算机可以处理的语言，也就是将文本编码成计算机能理解的数学表示，之后将这些编码后的结果通过图像生成器转换为符合语义要求的图像。

首先来看文本编码器部分。计算机本身无法理解人类语言，需要使用一种文本编码的技术，即 CLIP 模型。CLIP 模型是由 OpenAI 开源的深度学习领域的一个多模态模型。CLIP 全称为 contrastive language-image pre-training，即基于对比学习的大规模图文预训练模型。CLIP 模型不仅有着语义理解的功能，还有将文本信息和图像信息结合，并通过注意力机制进行耦合的功能。CLIP 模型在 Stable Diffusion 是怎么被训练并在文图转换中发挥作用的呢？

要训练一个能够处理人类语言并将其转化成计算机视觉语言的 CLIP 模型，必须先有一个结合人类语言和计算机视觉的数据集。实际上，CLIP 模型就是在从网上收集到的 4 亿张图片和它们对应的文字描述基础上训练出来的。图 2-18 中展示了一些数据示例，每张图片都有对应的文字描述。

CLIP 模型由一个图像编码器和一个文本编码器构成。CLIP 模型的训练过程如图 2-19 所示。首先从积累的数据集中随机抽取出一张图片和一段文字，在这里，文字和图片不一定是匹配的。抽取出的图片和文字会通过图像编码器和文本编码器被编码成两个向量。CLIP 模型的任务就是确保图文匹配，并在此基础上进行训练，最终得到两

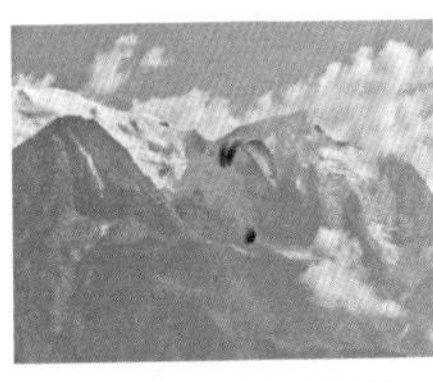

图 2-18　CLIP 训练图片及相关描述示例

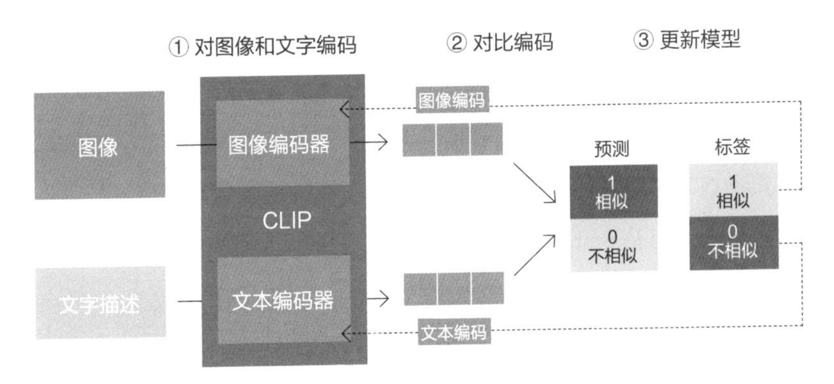

图 2-19　CLIP 模型训练过程

个编码器各自最优的参数。

比如一张狗的图片和“一只狗”的文字，训练好的 CLIP 模型就会将这两个内容通过图像编码器和文本编码器生成相似的编码结果，确保文字和图片是匹配的，这两者之间也就有了可以相互转化的基础。同时通过 CLIP 模型，人类语言和计算机视觉就有了统一的数学表示，这也就是文字生成图像的秘密所在。可以说，CLIP 模型在

Stable Diffusion 的文本编码器部分发挥了最核心的作用。

说完 Stable Diffusion 的文本编码器部分，我们再来看图像生成器部分。这部分由两个阶段构成，一个是图像信息生成阶段，一个是图像解码阶段。

在图像信息生成阶段，扩散模型首先利用随机数生成函数生成一个随机噪声，之后与文本编码器部分利用 CLIP 模型生成的编码信息结合，生成一个包含噪声的语义编码信息。然后这个语义编码信息又生成较低维度的图像信息，也就是所谓的隐空间信息（information of latent space），代表着这个图像存在着隐变量。这也是 Stable Diffusion 较之前扩散模型在处理速度和资源利用上更胜一筹的原因。一般的扩散模型在这个阶段都是直接生成图像，所以生成的信息更多，处理难度也更大。但是 Stable Diffusion 先生成隐变量，所以需要处理的信息更少，负荷也更小。

从技术上来说，Stable Diffusion 是怎么做到的呢？其实是由一个深度学习分割网络（Unet）和一个调度算法共同完成的。调度算法控制生成的进度，Unet 就具体去一步一步地执行生成的过程。在这个过程中，整个 Unet 的生成迭代过程要重复 50~100 次，隐变量的质量也在这个迭代的过程中变得更好。

图像信息生成之后就到了图像解码阶段。图像解码过程实际就是接过图像信息的隐变量，将其升维放大，还原成一张完整的图片。图像解码过程也是我们真正能获得一张图片的最终过程。由于扩散过程是一步一步迭代去噪的，每一步都向隐变量中注入语义信息，不断重复直到去噪完成。如图 2-20 所示，在图像解码过程中通过 Unet 的生成迭代，图片一步一步地成为我们想要的样子。

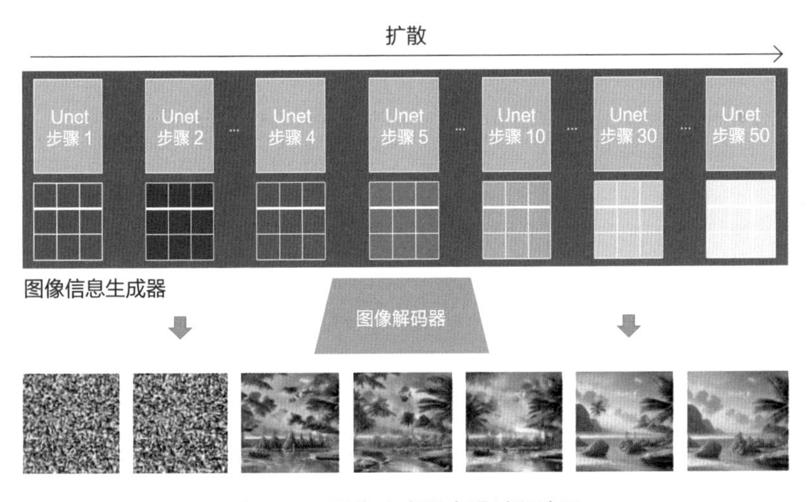

图 2-20　图像生成器去噪过程演示

我们总结一下，Stable Diffusion 首先通过 CLIP 模型对输入提示词进行语义理解，将其转换成与图像编码接近的编码信息，在后续模块看来，一段文字已经变成一张相似语义的图片了；然后在图像生成器模块中，完成完整的扩散、去噪、图像生成过程，生成一张符合提示词要求的图片。最终，通过文本编码器和图像生成器的共同作用，“字”变成“画”、“文字变图片”这种看似神奇的事就发生了。

无论是 Stable Diffusion、DALL · E 2 还是 Midjourney，通过扩散模型、CLIP 模型或其他深度学习模型组合实现的 AI 绘画工具的出现，都让我们意识到人工智能领域的技术发展速度已经超出了预期。

而在 AIGC 领域，AI 绘画技术的进步毋庸置疑地吹响了指示设计领域未来发展方向的号角。在 AI 技术的催生下，数字内容生产方式将在最大范围内发生最大可能的变革已经是不争的事实。而身处其中的我们，准备好迎接这一场未知的革命了吗？

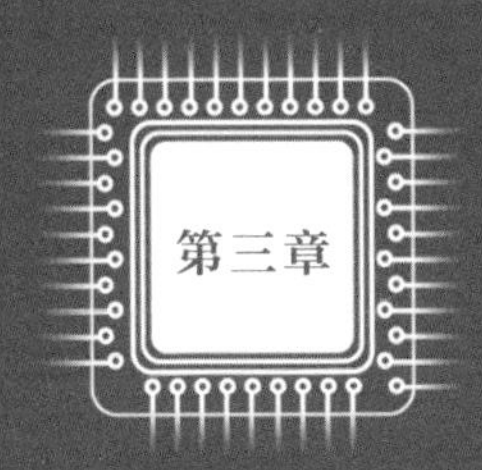

功能分析：AIGC 能生成什么内容？

在了解了 AIGC 的产业发展和底层逻辑后，我们就可以从应用层面去认识这类重要的模型了。其实 AIGC 早已渗透进我们的生活，在各个你想象不到的地方，AIGC 都已经得到了应用。在本章我们会从数字媒体，也就是“生成什么”的角度，分别探讨文字、图像、音频、视频、游戏的 AIGC 生成。我们会见证在 AIGC 的助力下，内容是如何被制造出来并呈现至我们面前的。相信在读完这一章后，你也会跃跃欲试地应用 AIGC 工具去生成内容，体会 AIGC 的便利之处。

生成文字：新闻、报告、代码都可一键生成

在前文中，我们介绍了 AIGC 的一系列强大功能，包括生成文本、图像、视频等等，揭开了 AIGC 的第一层面纱。而在本节中，我们将会对 AI 生成文字这项基本功能进行延展，让大家了解人工智能究竟能生成何种类别的文字，又是如何在我们的生活中被实际应用的。AIGC 生成文字的秘密是什么？这离不开之前介绍的各项技术的支持：深度神经网络、Transformer、大规模预训练模型等。

在这些技术基础上建构的文本生成技术，在文字生成界可以说是“叱咤风云”，文本生成技术可以广泛应用于各大领域，包括新闻生成、报告生成、代码生成等，这些应用也可以极大提高企业的工作效率、降低用人成本，同时改善用户体验。下面我们就从这三个功能出发，揭开 AIGC 生成内容的第二层面纱。

新闻生成

其实在 ChatGPT 发布、引起大家关注之前，AIGC 就已经在新闻写作领域有了广泛应用。我们先来梳理一下。长期以来，人类社会的新闻写作方式是传统型的，即从选题到发稿均由人工完成，不借助智能工具。而众所周知，人工完成新闻写作的过程十分耗时耗力。

第一步，撰稿人需要进行大量的信息搜集工作，各种来源的信息均不能漏掉，这些信息包括但不限于与事件相关的官方文件、专家评论、数据、报道、调查等，仅信息的搜索和筛选就会占用大量的时间和精力。第二步，撰稿人需要分析信息，将搜集到的信息进行整合、分析和筛选，这一步是为了确保信息的准确性和客观性。在面对海量信息时，新闻撰写者需要对各种信息进行比较，有时还需要进行深入的调查和研究。第三步是撰写新闻稿件，撰写一篇新闻稿件要把控多种要素，包括内容结构、语言表达，以及主题、角度、标题、引言等，新闻稿撰写者还需要对词汇和语法进行仔细推敲，来保证内容的准确性和易读性。第四步就到了编辑校对，一篇新闻稿件需要编辑人员进行多次编辑和校对，确保文章内容的完整性和准确性。这一步也十分耗费时间和精力，需要检查和修正每个细节，包括错别字、用词不当、语法错误等问题。同时，新闻行业需要快速反应和高效，对撰写者的要求也非常高，因此人工撰写新闻稿件需要付出更多的努力。在此情况下，AIGC 一问世，新闻行业就惊呼快要被颠覆，有些人已经想要积极拥抱 AIGC 技术也就不再难以理解了。

现实中，在人工智能已经可为新闻行业赋能的当下，不少企业都纷纷试水，开始在新闻行业“大展拳脚”。Automated Insight 就是一家以新闻自动化生成技术而被市场熟知的企业。Automated Insight 旗下的产品 Wordsmith 早就开始在美联社使用，它会在每个季度生成 3000 篇新闻报道，而且这些 AIGC 生成的报道，出现的错误也少于人工撰写的新闻稿。如今，Automated Insight 的自然语言生成技术不仅用于新闻内容的生成，还被各类企业争相购买，用来根据相关数据生成企业内部报告。这项创举节约了企业的大量人工成本，还能让撰稿人、公司内部的分析师等人有时间去做更加有意义的工作。

对于 AIGC 带来的便利，国内的企业也多有尝试。早在 2015 年 9 月，腾讯财经就推出了自主研发的自动写稿机器人 Dreamwriter。封面新闻则拥有自主开发的机器人“小封”，“小封”除了能快速生成新闻稿，还能和用户进行语音互动。新华社除了拥有主要报道体育和财经新闻的新闻机器人“快笔小新”，还有一款叫作“媒体大脑”的 AI 平台，在 2019 年全国两会的报道中，“媒体大脑”在对 6 年来政府工作报告的异同进行收集、分析和对比后，推出《一杯茶的工夫读完 6 年政府工作报告，AI 看出了啥奥妙》这篇文章。由此可见，AIGC 已然越来越广泛地应用在新闻生成中，并产生了深刻的影响。

2020 年 12 月 24 日，《人民日报》发布了由百度提供技术支持的“创作大脑”，以此来为智能编辑部建设助力，这也拉开了国内智能媒体新时代的帷幕。《人民日报》的这个“创作大脑”可以给媒体机构提供覆盖全媒体生态的智能解决方案，并具备了实时新闻监测、智能写作、新闻转视频、图片智能处理、智能字幕制作、直播智能拆条、在线视频快编、可视化大数据等18项功能，堪称“十八般武艺样样精通”的一站式智能创作平台。为这个“创作大脑”提供技术支持的是百度智能云的“云+AI”技术，该技术主要来自百度大脑智能创作平台。百度大脑智能创作平台为创作者解决了多项问题，并深度参与新闻生产的策、采、编、审、发全过程，能全面提升新闻行业的内容生产效率。随着ChatGPT的发布，依靠其强大的文字创作能力，ChatGPT可帮助编辑人员快速完成新闻内容的编写，这无疑会给新闻创作领域带来全新的变革。

但“AIGC内容生成”这枚硬币，也有相对晦暗的另一面。在传统媒体阶段，新闻报道需要通过记者的采访、撰写，以及严格的审核流程，这一过程虽然耗费大量的时间、精力，但也保证了新闻的真实性。而若利用人工智能技术进行新闻生成，新闻报道会十分依赖大数据，但数据是从网络中抓取的，难以保证其真实性，信息的来源、相关人物、事件缘由等深层的问题人工智能难以了解，就会出现各类假新闻。面对信息难以过滤和筛选这个问题，人民日报社推出了国内首个人工智能生成内容检测工具——AIGC-X。AIGC-X能够快速分辨机器的生成文本和人工生成文本，目前它对中文文本检测的准确率在90%以上。

未来，人与机器的边界将会被进一步打破，“人机协同”这种新闻生产方式将占据新闻生产的主导地位，新闻机器人和新闻从业者需要明晰各自的分工，人工智能将会负责那些简单而又具有重复性的工作，专业的新闻从业人员则会负责那些需要深度思考和进行价值判断的工作。人机协同的形式主要有两种：一种是人类根据工作中的需求来设计程序，安排人工智能去完成各类具有危险性的或者简单重复性的新闻报道，比如报道自然灾害、体育新闻等；另一种是让人工智能去协助人类，让其应用大数据等技术手段进行大量的数据收集，首先挖掘事件的深层内核，再去进行报道，如此也能给读者带来更有价值的新闻。

报告生成

除了新闻内容生成，人工智能在报告生成中也是一把好手，我们就以非常具有代表性的投研报告为例来展开讲述。

相关从业者应该了解，以传统方式撰写投研报告十分费时费力。第一，需要有处理大量数据和信息的时间、精力。投研报告的撰写需要提前收集大量的数据和信息，这一过程就会花费不少时间和精力，需要富有经验的分析师对数据进行手动处理，从中挖掘出有用的内容信息，因此非常耗时费力。第二，需要注意语言表达的复杂性。投研报告的撰写会用到很多专业术语，非专业人士通常很难做到这一点。专业的分析师也需要以多种不同的方式去阐释数据和结论，以确保报告更加易于理解。第三，注意报告内容的复杂和多样性。在撰写投研报告时，必须首先考虑多种因素，比如宏观经济状况、公司基本面、市场趋势、竞争对手等。对所有这些因素，都需要有详细的分析阐述。第四，需要注意报告撰写的标准化。投研报告有固定的撰写标准和规范，相关人员需要投入很多时间和精力确保报告的准确性，如文献引用、图表设计、文本格式等。

在金融领域，工作人员每天都会接触大量投研报告的分析，分析维度包括行业、产业、宏观情况等等。这些报告通常需要金融分析师等专业人员负责撰写，需要分析师对数据和信息有全面的收集及分析能力。这些报告往往专业知识多、涉及的知识面广，怎么使用人工智能来自动生成报告并提升工作效率，同样是传统金融机构极力探索的方向之一。

鉴于这种情况，以 AIGC 为支撑的智能投研就派上了大用场。智能投研是人工智能在投资研究领域的一项重要应用，利用人工智能来自动完成对海量金融信息的收集、提取、归纳、缩简、分析和预测，更加快捷方便地为投资研究人员提供信息，支持他们进行决策，而非直接给出决策结论。使用人工智能相关技术，能够帮分析师更快速地撰写投研报告，在提高分析师工作效率的同时，还能保证报告的内容准确和体例一致。

与人工投研相比，智能投研的最大优点就是高效。在人工投研中，分析师需要花费大量的时间在金融数据终端或者信息平台上收集素材，还需要运用自己的专业逻辑将这些素材组织成投资决策，再将结果以不同方式呈现，实际效率并不高。而智能投研会利用人工智能模型迅速收集、读取大量的信息，自动化地完成多维度综合计算和分析，发现事件之间的关系，从而做出一定程度的预测，并且按照预先设定的模板生成研究报告，实现了从信息收集到研究内容呈现的跨越，提升了效率。而且，在智能投研中应用人工智能模型可以避免分析师的主观因素影响，使得投研内容更加客观，这在一定程度上也提高了投研报告形成的效率。

智搜信息就是一个很好的应用案例，它在自然语言处理领域有深厚的技术积淀，能够进行大规模的文本数据分析和处理。目前智搜的写作机器人在金融领域的主要应用为财经快报，其写作原理是以预定义财经模板为基础，对模板进行关键数据填充，能够实现“点击一键生成财经报告”。当下，它的写作模板包括国内外宏观经济与大盘分析、上市公司研究报告、个股综评、行业研究报告等，写作数据来自国内金融数据供应商供给的实时数据。写作机器人撰写上万字的财经报告只需几秒钟，跟人类比效率有了极大的提升，而且能做到数据翔实、图文并茂、可读性强。智搜财经写作已在太平洋保险集团得到实际应用，其打造的智能投研系统能在集团内支持自动完成各类财经数据报告的写作。

代码生成

2022 年 11 月 3 日，推特员工们经历了一波大裁员，几乎波及了所有部门，导致了大约 50% 的员工失业，在安全审查团队中，15% 的员工离开了公司。虽然我们难以获知这轮裁员的所有决策因素，但有一点可以肯定，与 AIGC 在工作场景下越来越广泛的应用有一定的关系。在 AIGC 代码能自动生成的时代，我们是否还需要这么多程序员呢？

我们把目光放在当前 AIGC 在程序生成中的应用上。作为全球最大的代码托管平台，GitHub 在 2021 年 6 月联合 OpenAI，推出了 GitHub Copilot 预览版。这款应用能够从已经命名或者正在编辑的代码出发，根据上下文为开发者提出代码上的建议，被亲切地称为“你的 AI 结对程序员”。GitHub Copilot 使用的是 OpenAI 的 Codex 模型，这个模型能够把自然语言转换成代码。在使用这个模型后，GitHub Copilot 就能从注释和代码里提取上下文，从而提示程序员接下来应该编写的代码是什么样的。Codex 其实是 GPT-3 的一个版本，这个版本的模型专门针对编程任务进行了微调。根据 GitHub 官方的介绍，Copilot 已然经过了数十亿行代码的训练，而且 GitHub Copilot 不但可以理解英语，还能理解其他的语言，这一功能对于母语非英语的程序员可以说是非常有帮助的。GitHub Copilot 还能够把注释转换为代码，开发人员只需要写出一段内容描述自己想要的代码，它就能自动“理解”并给出相应的代码，甚至能实现自动联想和纠错。另外，它在编写单元测试用例方面也很擅长。

经过几个月的短暂测试后，GitHub 还全新升级了个人版和企业版 Copilot。升级后，GitHub Copilot 具备了更强大的代码生成功能，响应速度也更快了。从官方数据中我们得知，在众多使用 GitHub Copilot 的开发人员中，有 90% 的人表示能更迅速地完成任务，73% 的人表示能够节省大量精力，还有 75% 的人表示使用 Copilot 时感觉非常有成就感，能够更加专注于工作。如图 3-1，只要编写简单的提示词，Copilot 就能直接联想出整个函数的实现。尽管如此，如果我们认为 AIGC 当下已经能够完全取代程序员，就失之偏颇了。正如它的名字一般，Copilot 目前还只是一种辅助工具，并不能完全取代程序员，但随着时间的推移，AIGC 取代程序员也并非天方夜谭。

```
test_code.py
1  def binary_search(sorted_list, val):
2      """
3      二分查找
4      :param sorted_list:
5      :param val:
6      :return:
7      """
8      low = 0
       high = len(sorted_list) - 1
       while low <= high:
           mid = (low + high) // 2
           if sorted_list[mid] == val:
               return mid
           elif sorted_list[mid] > val:
               high = mid - 1
           else:
               low = mid + 1
       return -1
```

图 3-1 GitHub Copilot 代码生成示例

AIGC 程序生成在国外掀起热潮，国内的各大企业也并未落后。硅心科技（aiXcoder）在 2022 年 6 月推出了国内第一个基于深度学习的支持方法级代码生成的智能编程模型——aiXcoder XL。这款模型可以在同一时间理解人类语言和编程语言，还能基于自然语言功能的描述，一键产出完整的程序代码。如今利用简单的 API 和工具，开发人员就可以轻松体验 aiXcoder XL 代码生成模型的方便之处。

技术的进步始终依靠着人类，人也始终是技术的核心。未来，人工智能技术在各个领域的应用必然是正向发展的。我们相信人工智能技术会更好地服务于各行各业，把劳动者从简单重复的工作中解放出来，高效率的人机合作将进一步促进各个产业的融合和重塑，我们会进入一个崭新的智能化时代。

描绘图像：分辨率、清晰度、真实性与艺术性

看完了 AIGC 与文字“相依相伴”的精彩故事，你应该对 AIGC 与其他内容形式结合的表现也产生好奇了吧？最近风靡各大社交平台的“AI 绘画”就是 AIGC 与图像相结合的内容产出形式，用户们也都积极尝试 AI 绘画，利用它去实现自己天马行空的想法，迸射出了更多的灵感和火花。

2022 年 8 月，美国科罗拉多州举办了一场新兴数字艺术家竞赛，众多专业作家都提交了自己的作品，而其中有一幅格外引人注目，这就是杰森·艾伦提交的一幅 AIGC 绘画作品，名为《太空歌剧院》（图 3–2）。这幅画还脱颖而出，获得了比赛“数字艺术 / 数字修饰照片”这一类目的一等奖。没有绘画基础的参赛者却得了奖，一时引发了多方热议。正是这次 AIGC 绘画作品获奖，才使得 AI 绘画走入人们的视野，开始真正火爆起来。

图 3-2 《太空歌剧院》

图片来源：https://m2now.com/ai-killed-art

在 AI 绘画疾速发展的时间线中，有几个比较关键的代表性应用程序，你或许也对它们中的一些印象深刻。Midjourney 是目前最好用的 AI 图像生成应用之一，图像生成速度快，功能也十分全面。许多艺术家在寻找灵感时，都会使用 Midjourney 生成图像。上文中提到的获奖作品《太空歌剧院》就由 Midjourney 生成。DALL · E 2 则由 OpenAI 推出，与前一代 DALL · E 相比，DALL · E 2 生成图像的分辨率更高、延迟更低。而 Stable Diffusion 一经推出就由于其强大的图像生成功能受到广大网友的喜爱。它操作简单，出图速度快。每一次使用这些应用生成图像就如开盲盒，这也使得很多用户把它们当作“游戏工具”疯狂玩耍，甚至很多 AI 行业的专业人士和资深人士都沉迷于 AI 图像生成，玩得不亦乐乎。

图像生成的突破

如今市场上的不少 AI 绘图工具都具备“文本到图像”模型，也就是说它能根据用户输入的自然语言描述内容，生成与该描述相匹配的图像。这种模型一般是将语言模型和图像生成模型相结合，语言模型用于把输入文本转换为潜在的内容表示，而图像生成模型会将其作为条件去生成图像。当下效果最好的“文本到图像”模型进行训练时所采用的大量图像和文本数据，往往都是从网络上抓取的。

“文本到图像”模型是从 2015 年开始，才得到业界的广泛重视的。它主要依托的是深度神经网络技术的飞速进步，谷歌大脑的 Imagen、OpenAI 的 DALL · E 等，都可以生成与真实照片十分相似的绘画作品。而由 Stability AI 推出的应用程序 Stable Diffusion，则可以称为 AI 绘图领域的一匹“黑马”了。

在前文中我们曾提到，Diffusion 模型是当下新一代图像生成的主流模型，这个模型的工作原理是通过连续添加高斯噪声来破坏训练数据，然后对这个噪声过程进行反转，以此来恢复数据。经过训练后，模型能够从随机输入中合成新的数据，实现算法创新。

以 Stable Diffusion 为例，用户在使用其图像生成功能时，有不同的选项可以进行设置，比如可以设置生成图像步骤的数量，还能设置随机种子，或者单次生成的图像数量（1~10 之间）。用户在使用 Stable Diffusion 时还可以创建各种格式的图像，其图像的横版分辨率最大可达到 1365 × 768，竖版分辨率最大可达到 768 × 1365。来自这项应用的图像也可以被用于任何用途，包括商业目的（图 3–3）。

图 3–3　由 Stable Diffusion 生成的图像

2022 年底上线的 Stable Diffusion 2.0 具有更强大的能力。这次的 Stable Diffusion 2.0 版本具有强大的“文本到图像”模型。这个模型由一种全新的文本编码器 OpenCLIP 训练，与之前的 1.0 版本相比，2.0 版本在生成图像的质量上有了显著突破，清晰度也有很大提升。

DALL · E 2 是由 OpenAI 推出的 AI 绘画产品。利用 DALL · E 2，用户能够使用“文本到图像”和“文本引导的图像到图像”生成算法实现图像生成功能。如果想使用“文本引导的图像到图像”生成算法，用户可以先上传图像，DALL · E 2 会把用户所上传的图像作为初始图，并根据用户的提示来作图。更方便的是，它还有“编辑生成的图像”功能，通过使用“文本引导的图像到图像”生成算法，用户能够在已生成图像的基础上生成另一个图像，来对原生成图像进行扩展，或者补全有部分遮挡的图像。DALL · E 2 生成的图像的分辨率都是 1024 × 1024 的固定大小，也可以用于任何合法目的，包括商业目的（图 3–4）。

图 3–4　由 DALL · E 2 生成的图像

Midjourney 则是由 Midjourney 研究实验室开发，它的“文本提示作图”功能用起来也非常简单，在应用中提交提示文本，用户就能得到对应的图像，还能够创建出图像的其他变体，或者把图像的分辨率调到更高。用户也可以输入一个或多个图像的初始 URL（统一资源定位器），配上提示文本来引导它作图。Midjourney 支持创建各种格式的图像，图像分辨率更大些，在某些版本上能达到 2048 × 2048，它还允许付费会员把生成的图像用于商业目的（图 3–5）。

图 3–5　由 Midjourney 生成的图像

AI 绘画产品不只在国外发展得如火如荼，在国内更是呈现出井喷式的发展态势。仅 2022 年下半年，就有文心一格、无界版图、6pen、Tiamat、盗梦师等产品上线。无论是微博还是小红书，主流社交平台上都能看到 AI 绘画的身影，技术研究者、内容创作者、投资人等层层造势，使得 AI 绘画在各圈层里都形成了声势。国内比较火的 AI 绘画小程序“造梦日记”，就在 Stable Diffusion 的技术基础上进行了改进。研发团队对 Stable Diffusion 的模型进行了本土化改造，并利用自己写的“follow instruction”（按照指令）方式针对模型进行训练，还加入了海量本地化数据。“造梦日记”仅上线一周，便取得了日增 5 万新用户的佳绩。

AI 绘画的“活动范围”不止停留在平面上，3D 绘图它也能轻松驾驭。虽然还处于初期阶段，目前市场上已经有一些开发者开始利用人工智能实现 3D 内容的生成。如 Omniverse Audio2Face、NVIDIA GANverse3D、NeRF 等工具，都能利用 AIGC 技术，实现自动化的图像内容生成。GANverse3D 可以把平面图像处理为逼真的 3D 模型。为了生成训练数据集，可以从多种不同角度描绘同一个物体，就像摄影师绕着一个房子转圈拍摄一样，这些多角度的图像会被插入逆图形的渲染框架。逆图形就是从 2D 图像推断出 3D 网格模型的过程，当完成多视图图像训练后，仅仅需要一个 2D 图像，GANverse3D 就能生成 3D 网格模型并进行渲染。

生成艺术风格图像

除了生成富有真实感的图片，AI 绘画还可以进行风格性图片的创作，如 AI 绘图界的“霸王”Stable Diffusion 就拥有庞大的艺术风格库。在这个风格库里，赛博朋克风、水墨风、日漫风等应有尽有，油画、素描、水彩等画作形式也能尽情选择。下面我们通过案例来看看它强大的图像生成功能。

打开这款软件，你可以设想自己要在画面中呈现的风格、情绪、物品、元素等，添加文字即可生成自己想要的图片。提示词的种类非常多，如海浪、山、神庙、森林、秋天、雨滴、雾气、苔藓、城堡、花田等代表诗意和朦胧美的词语，欢乐、沉郁、霓虹、赛博朋克、蒸汽朋克等描述情绪或氛围的词语，还有超现实、魔幻、水墨、素描、油画等描述不同画风的词语。你也可以选择自己想要的艺术家风格，如毕加索、达·芬奇、梵高、莫奈、宫崎骏等。

我们先来看看 Stable Diffusion 生成的肖像画。Stable Diffusion 可以游刃有余地进行肖像画生成，不管是动漫、水彩等手绘而抽象的风格，还是侧视、3/4 视图或正面视图等各种角度，抑或是像照片一般的高仿真图片，Stable Diffusion 都可以以极快的速度生成。Stable Diffusion 可以生成名人照片，比如在程序中输入科学家爱因斯坦的名字，Stable Diffusion 就可以准确生成相应的照片（图 3–6）。

富有中国艺术特色的水墨画，Stable Diffusion 也能生成，其生成的水墨画风格的老虎惟妙惟肖（图 3–7）。

它甚至可以绘制一幅非洲大草原的自然风光图，通过加入一些提示词，让原本颇有气势的象群景象，显得格外宁静（图 3–8）。

图 3-6　由 Stable Diffusion 生成的爱因斯坦照片

图 3-7　由 Stable Diffusion 生成的水墨画

图 3–8　由 Stable Diffusion 生成的非洲大草原自然风光图

模仿不同绘画大师的风格也不在话下。我们让 Stable Diffusion 分别模仿毕加索和梵高为一位老奶奶画一幅肖像画，两位大师的绘画风格迥异，Stable Diffusion 生成的图像与各自的画风惊人地一致，图 3–9 中，左图为以毕加索风格“所作”，右图则为以梵高风格“所作”。

图 3–9　由 Stable Diffusion 生成的不同风格肖像画

你甚至可以随意指定艺术风格，让 Stable Diffusion 根据你想要的风格进行绘制，例如生成文艺复兴时期的水彩画——威尼斯水城（图 3-10）。

图 3-10 由 Stable Diffusion 生成的文艺复兴时期水彩画

你还能想象一下未来的生活环境，例如让原本一片荒芜的火星上长满绿植，而我们也能在其上安居乐业（图 3-11）。

图 3–11　由 Stable Diffusion 生成的火星生活环境

其他顶尖平台

如今的 AI 绘画领域，已然呈现出“神仙打架”的竞争局面，各大平台都使出浑身解数抢夺消费者。在这场“没有硝烟的战役”中，谁又能笑到最后呢？让我们来看看那些与巨头进行市场竞争的其他平台，以此来全面地了解 AI 绘画的产业布局和发展态势。

我们先来说说国外的几个 AI 绘图程序。Fotor 是一个在线图片编辑网站，在全世界已经有上百万的“粉丝”，虽说它的“主业”是在线图片编辑，但是它也支持 AI 图像生成。这款应用的使用方式也非常简单，用户只需要输入文字提示，然后去查看 Fotor 的输出内容即可，用户每天能获得 10 次免费生成图像的机会。用户可以利用它体验从文本到图像、从图像到图像、快速图像生成等等不同的转换模式。Fotor 支持 3D 绘画、动漫角色绘画、逼真图像生成等等，功能很是强大。

NightCafe 也是市面上受欢迎程度最高的 AI 图像生成软件之一，用户每天有 5 次免费生成图像的机会。它的使用也非常方便，除了能实现快速图像生成，还支持多种艺术风格，且图像分辨率很高。它还有比其他生成器更多的算法和选项，具备两种转换模型：文本到图像和样式转换。样式转换就是用户把图像上传到 NightCafe，它就能够把这张图像变成名画风格。NightCafe 的运作基于信用系统，用户手里拥有的积分越多，可以生成的图像就越多。

Dream（梦境生成器）是由加拿大的一家 AI 创业公司 WOMBO 创建的，这款软件被许多人认为是最好用的全能 AI 图像生成软件。Dream 的使用过程与 NightCafe 很像，在里面输入一句话，选定一种艺术风格，就能生成图像。它有一个极大的优势，即用户可以上传图像作为参考，由此生成更符合用户想法的图像。它的风格库里也有多种艺术风格供用户选择，能够免费进行不限数量的图像生成。

Craiyon 也是一款便捷的图像生成软件。它的曾用名为 DALL · E mini，是由谷歌和 Hugging Face 共同推出的。用户同样只需要输入文字说明，它就会根据输入的文字生成图像。Craiyon 无须注册，生成图像的速度也很快，使用方便。

还有一款产品叫 Deep Dream，它的特别之处在于附带了创建视觉内容的人工智能工具。Deep Dream 能够以文本提示为基础，生成逼真的图像，还能使基础的图像和个性化的绘画风格相融合。利用它经过海量图像训练的深度神经网络，用户也能在基础图像上生成新图像。

在国外的 AI 绘图软件“百花齐放”的同时，国内的相关产业也在快速发展，文心一格就是一个例子。文心一格在中文、中国文化理解和生成上显示出了独特的优势，其背后的文心大模型依靠在数据采集、输入理解等多个层面的深入研究，形成了具备更强中文能力的技术优势，对中文用户的语义理解更加到位，也更适合中文环境下的应用和落地。

另一款 AI 绘图应用天工巧绘（SkyPaint）是昆仑万维公司旗下模型，这家公司是当下国内在 AIGC 领域发展最为全面的公司之一，同时也是国内首个全面发展 AIGC 开源社区的公司。其旗下的产品包括文本、图像、音乐、编程等多种形式的内容生成工具。天工巧绘可以生成具有现代艺术风格的高分辨率图像，还支持 Stable Diffusion 模型以及相关微调模型的英文提示词，也就是说，Stable Diffusion 适用的提示词在这里也是可以使用的。

皮卡智能推出的“神采 PromeAI”也拥有丰富的风格库，它可以直接把涂鸦和照片转换成插画，还能自动识别出人物姿势，生成插画；它能把线稿转化成颜色丰富的上色稿，并能提供超多种类的配色方案；它能自动识别图像景深信息，生成相同景深的图像；它甚至可以识别建筑和室内图像的线段并由此生成新的设计方案。

在本节中，我们从 AI 绘画这项技术延展开来，介绍了当下 AI 生成图像最新的突破，以及最热门的应用。可能很多人还未能玩转 AI 绘图，甚至都没有听说过。但悄然间，这项技术又有了新突破——“AI 读脑术”诞生了！在最近的一项研究中，研究人员称只需用功能性磁共振成像技术，扫描大脑中的特定部位获取信号，AI 就能重建我们眼里看到的图像。虽然目前 AI 仅仅复制了“眼睛”所观察到的东西，但会不会有那么一天，AI 可以根据人大脑中的思维、记忆构建出图像或文字？当那一天真的到来的时候，人类岂不是就变成“三体人”了？无论怎样，“潘多拉魔盒”是否已经打开，需要思考的永远不是技术，而是在背后操纵它的人。作为人类，与 AI 共行的时刻，我们也将会面临无数拷问。

音频制作：精准还原、实时合成

在“入侵”了文本、图片等内容领域后，人工智能在音频生成领域也大展拳脚，为我们的生活带来了很多便利。与文本和图片不同的是，音频是一段随着时间变化的声音序列，每个细节都非常生动。下面我们从音乐生成、语音克隆、跨模态生成三个方面，看看 AIGC 在音频领域与人类协同工作的过程。

音乐生成

在我们传统的认知中，音乐是很受人欢迎的艺术形态，也均由人创作，一段乐曲中会蕴含创作者的主观情感，很难想象机器可以参与到音乐的创作过程中，但是 AIGC 让不可能变成了可能！一款名为 MuseNet 的模型就可以轻松地进行音乐生成（图 3-12）。MuseNet 由 OpenAI 发布，属于 AI 音乐创作的深度神经网络。它十分“全能”，可以模仿 10 种不同乐器，还涉猎多种风格，如乡村音乐、古典音乐、摇滚乐等，用户可以基于自己想要的风格，生成约 4 分钟的音乐作品。

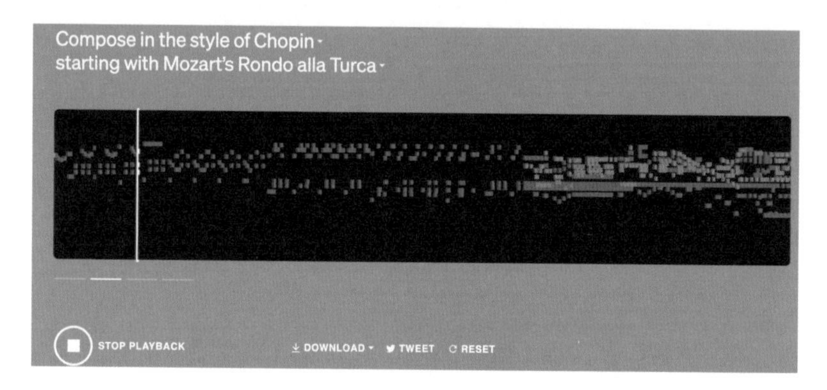

图 3–12　MuseNet 音乐生成神经网络的界面

MuseNet 并不是依托人类已有的音乐创作方法对音乐进行编程，而是在学习了现有音乐的和声、节奏和风格，有了一定了解后才开始创作。MuseNet 背后的工作人员会从各种渠道收集训练数据，如 MAESTRO 数据集、BitMidi 音乐网站等，还会从其他渠道收集爵士乐、流行音乐等风格的音乐。在训练 MuseNet 的过程中，工作人员共利用了数十万个音乐文件。MuseNet 在了解不同的音乐风格后，就可以混合生成新的音乐了。如果你向机器提供了肖邦夜曲的前几个音符，给 MuseNet 提出的需求是想要它生成一段流行乐，而且要有钢琴、吉他、长笛等乐器的乐音，机器就会根据你的需求，生成你想要的音乐。

OpenAI 也很能“整活”，在 Twitch 上举办了一场 MuseNet 实验音乐会，还推出 MuseNet 面向应用端的版本——MuseNet 共同作曲家（MuseNet-powered co-composer），这样我们普罗大众也能用它来创作自己想要的音乐了。MuseNet 共同作曲家有两种模式：简单模式和高级模式。在简单模式下，用户首先会听到现有的随机样本，在选择某个作曲家或某种音乐风格后，就可以生成自己想要的音乐了；在高级模式下，用户有更多的选择，可以随意选择乐器等，生成更具个性化的音乐作品。但这个版本的 MuseNet 还有一定的局限性，由于它是通过计算可能的音符和乐器的概率来进行作曲的，所以会生成不太和谐的内容，比如把肖邦风格配上低音鼓，音乐听起来有割裂感。

在乐坛，AI 俨然成了人气越来越旺的“新星”，除了 MuseNet，其他应用也大放异彩，许多歌手都和 AI 联手推出歌曲。美国歌手泰琳·萨顿（Taryn Southern）就曾和 AI 共同推出世界首张 AI 作曲专辑 *I AM AI*（《我是人工智能》）。索尼 Flow Machines 与 47 岁的法国作曲家伯努瓦·卡雷（Benoit Carre）合作，发布了索尼 Flow Machines 的首张专辑 *Hello World*（《你好，世界》），这张专辑里囊括了 15 首 AI 参与创作的歌曲，听起来毫无违和感。曾经在 Youtube 名噪一时的单曲“Daddy's Car”（《爸爸的车》），就是由索尼的 AI 应用推出的。谷歌为了庆祝音乐家巴赫的生日，在主页上放置了一个小游戏，只要用户确定好音符和节奏，它就会用巴赫的风格弹奏出用户的作品。Google Chrome Music Lab 也推出了谷歌 Song Maker 制作器（图 3-13），这款作曲工具主要以可视化的方式帮人类理解音乐。此外，谷歌还利用 NSynth 神经网络音频合成技术，推出了神经网络音频合成器 Magenta，在浏览器上即可使用，用户可以在主界面中切换音色，并通过滚动条调节音色偏向，这对于想即兴创作的用户来说非常方便。

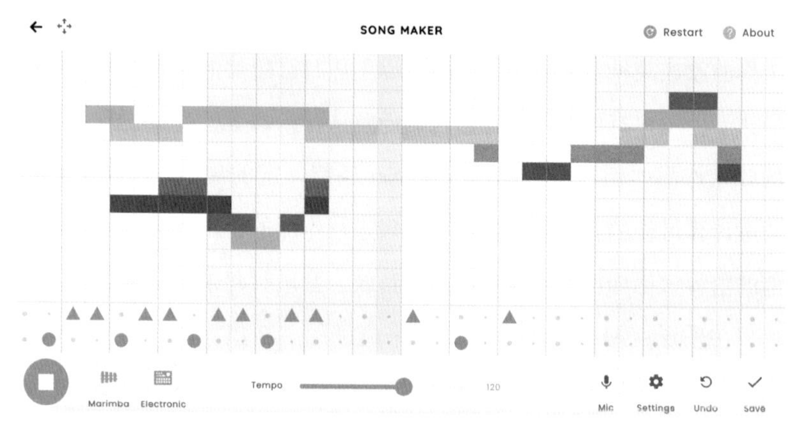

图 3-13　谷歌的 Song Maker 制作器面板

在国内，各类 AI 音乐应用也层出不穷。目前“虚拟歌手”App 大热，“歌叽歌叽”“ACE 虚拟歌姬”等都受到了年轻人的欢迎。这类 App 可以在用户的音色基础上制作 AI 歌手，很多用户也在社交网站上产出了大量“用自己的声音做虚拟歌手”的教学视频。这类 App 除了生成“虚拟歌手”的功能外，还有“一键写歌”“硬核原创”等功能，也就是说，每个人都可以拿它创作自己的歌曲，门槛极低。例如，使用“一键写歌”功能，只需输入关键词与自己的生日，就可以快速生成一段约 30 秒的“人生主打歌”，它甚至会把你的星座、星座的性格特点穿插到歌词中。“硬核原创”的功能也十分简单，系统会提供一部分音符，只要用户随意选择，就能在音符基础上形成一段简单的旋律，然后填词就可以完成创作。在创作完成后，可以选择人声进行试听，欣赏一下自己的作品。另外，网易云音乐、腾讯、阿里等平台也都推出了有 AI 作曲、作词功能的应用。其实在你无所知觉的时候，"AIGC + 音乐"已经悄悄渗透到我们的生活中了。

语音克隆

其实对于 AIGC 来说，音乐合成只是很好实现的一个功能，除此之外，语音克隆也很值得拿出来讲一讲。语音克隆涉及语音合成技术，语音合成又可以称为文本转语音，它指的是将一段文本依照用户的需求，转化为相应音频的技术。语音克隆是语音合成的一个技术分支，如果你想要克隆出一个人的声音，通常需要采集说话人的声音数据，以数据去训练一个语音合成模型。

深声科技最近就与小米合作，在智能音箱"小爱同学"的定制声音功能中融合了语音克隆技术。这项功能可以让用户克隆自己的声音，父母、子女、伴侣的声音，还支持音色分享。这项想象力十足的人工智能应用，目前已然成为智能终端（如车载机器人、智能手机、智能家居等）的基本功能之一。传统语音合成需要大量的语音数据，而语音克隆需要的数据更少，所以对于许多智能终端来说，语音克隆技术的加入可以大大加快应用的迭代速度，但这种技术对声学模型的训练有更高的要求，很容易出现发音模糊、发错音等一系列问题。现在经过技术的迭代和发展，用户只需要朗读 20 句短文本，录制约 90 秒的语音，就能快速克隆自己的声音，把属于个人的情感表达、发音特点等信息融合到 AI 合成的声音中，甚至连口音也能被克隆出来。

读到这里，肯定有读者已经开始好奇语音克隆的原理是什么了。为了让计算机能够用任意的声音读出任意文字，需要提前让它了解两件事：一是它要读的是什么，二是它要如何读。基于此，研究人员设计的语音克隆系统有这样两条输入路径：一是我们想要计算机读的文本，二是我们想要计算机模仿的声音样本。也就是说，如果我们想让它用哪吒的声音说出“我喜欢玩滑板”这句话，需要向系统提前输入写着“我喜欢玩滑板”的文字和一小段哪吒的声音样本，如此它就能知道哪吒的声音应该是什么样的，从而用哪吒的声音说出“我喜欢玩滑板”。

我们来看一下系统是如何工作的。当我们有了上面说的 20 句大概 90 秒的语音之后，相对应的音频和文字内容通过分别编码，会被一同用来训练个性化的声学模型。有了这个声学模型之后，对于任意一段文本信息，会先预处理成一段字符和音素序列，再经由这个声学模型转换成一段具有说话人音色特点的声谱图。这个声谱图并不能直接发出声音，最后还需要一个声码器来将声谱图转换成声音波形。如此，也就完成了“语音克隆”过程。

至于语音克隆的代表性应用，当首推 MockingBird。这是一款由 GitHub 博主推出的语音克隆模型，这个模型的神奇之处在于，它可以在几秒钟之内克隆出任意一条中文语音，还能用那条语音的音色合成新的内容。如果用户需要克隆的是 10 秒以内的样本，配合 10 个字的语音文本，模型合成的时间就会比较短。但它也有些小缺陷，因为模型的处理逻辑是这样的：它首先会根据标点符号进行断句，然后把多段文字分开来并行处理，所以一段文本的标点会影响最终合成语音的质量。另外，说话的口音、情绪化的语气、自然停顿等等，也会导致模型的内容生成出现问题。

这款模型现在也已经有了很多商业化应用形式。例如当音视频制作者们不想录音或懒得补录的时候，它就能派上用场了，它还能帮助主播给打赏的观众发送合成的个性语音。MockingBird 也有一些正在拓展的方向，如跨语种的语音克隆，它甚至能让实时翻译器呈现说话人的音色。在影视行业，它也能帮助面向多地区发行的影视作品将配音转化为多个语种。现在的机器已经可以模拟出真实的人类声音，但如果还能展现出人类在说话时的节奏，就更能以假乱真，进一步帮助我们处理工作和生活中的一些琐碎事务。

在国内，语音克隆技术得到了广泛应用。例如，喜马拉雅在其庞大语音素材库的基础上，利用这项技术快速地将新闻、书籍和文章里的文字转换成音频，大大提升了音频的生产速度。喜马拉雅的“单田芳声音重现”这个项目，已经有多部不同风格的声音专辑，这些专辑跟之前官方授权的“单田芳评书”一起构建了“单田芳 IP”矩阵。这些作品采用单式评书代表性极强、情感丰沛的腔调，演绎了多部不同风格的经典作品，例如当下非常流行、故事情节曲折离奇的推理作品《无证之罪》，还有单田芳生前未完成的评书经典作品《十二金钱镖》，通过创意性的跨时空作品演绎，传承了“新派非遗”。AIGC极大地丰富了文化内容的呈现形式和数量，也深度延续了经典的生命力。

在国内音频产业中，消费场景多样、消费用户占比高，音频行业具备很高的发展潜力，也让技术逐渐成为行业的重要竞争因素。生成式 AI 技术能让声音内容的生产和分发更加快速，而随着音频内容生产的规模化，还有技术的不断迭代，生成式 AI 对于内容的参与程度肉眼可见地越来越高，音频产业开始向更为智能化的方向发展。

跨模态生成

看到本节的标题或许你会问，声音也会有跨模态玩法吗？当然有了！音频的跨模态生成现在有好几种玩法，如文本生成音频、图像生成音频、视频生成音频等。当下非常热门的 Make-An-Audio 模型就是一个例子（图 3–14）。Make-An-Audio 模型是由北京大学和浙江大学联合火山语音推出的一款应用，只需用户在应用中输入文本、图片或视频，它们就能生成逼真音效。用户既可以输入鸟、钟表、汽车等图片，也可以输入一段烟花、狂风、闪电等的视频，对 Make-An-Audio 来说，生成这些内容的音效都不在话下。AIGC 的音效合成技术，或将会改变视频制作的未来。

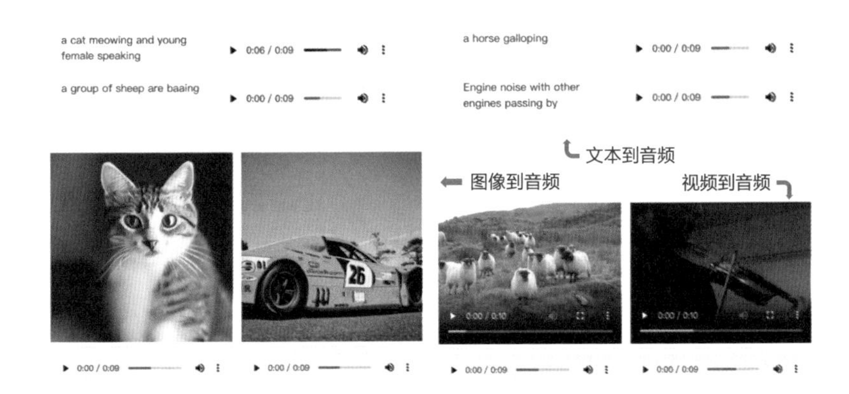

图 3-14　Make-An-Audio 实现跨模态音频合成

图片来源：https://text-to-audio.github.io

这款“网红”模型的内在技术原理究竟是什么？在以视觉输入的音频合成方面，Make-An-Audio 利用 CLIP 文本编码器，并使用其图像-文本联合空间，就能够以图像编码作为条件来合成音频。而为了完成这样一项工作，就不得不面临一个客观存在的问题，那就是像音频-文字描述这样的数据对是比较少的，这给提高模型效果带来一定的难度。对于这个问题，火山语音团队协同北京大学、浙江大学两大高校，一起提出了创新的文本增强策略，这个策略是利用一种模型获得音频的文字描述，然后再通过随机重组，获取具有动态性的训练样本。总的来说，Make-An-Audio 这款模型能够合成高质量、高可控性的音频，其提出的“No Modality Left Behind”（不遗漏任何一种模态）理念更能解锁任意模态输入的音频合成。

我们可以预见的是，音频合成 AIGC 技术将会在未来的电影配音、短视频创作等领域发挥重要作用，而借助 Make-An-Audio 等模型，或许人人都可以变成专业的音效师，都能够借助文本、图片、视频在任意时间、任意地点，合成生动的音频和音效。在现阶段，Make-An-Audio 也并不是完美无缺的，由于其多样的数据来源，还有难以避免的样本质量问题，模型在训练过程中会产生一些副作用，比如生成不符合文字内容的音频等，但可以肯定的是，AIGC 在音频领域的进展确实令人惊喜。

AIGC 进入音频领域，同样施展了它的“魔法”，在音乐生成、语音克隆和跨模态生成中发展得都极快，为用户带来了更多的方便，也使用户生活中的娱乐方式更多了。既然文本、图片、视频等都可以生成音频，我们简直进入了“万物皆可生成”的世界，不妨畅想一下，音乐亦可生成舞蹈！可能在今后，AIGC 还可以利用音乐的节奏、风格等对舞蹈动作进行拆分和组合，生成个性化的舞蹈供用户学习，线下的练舞室可能会迎来真正的挑战。在一种产业发展的同时，与之对应的另一种产业必然会随之发生变化，我们也期待未来 AIGC 在音频领域为我们带来的更多可能。

影视创作：海量场景任你选

如果你是个电影迷，应该能切实感受到日新月异的新技术正在改变电影行业，像新型 3D 技术、无人机拍摄、虚拟现实和增强现实（AR）技术等，都和现在的电影制作密不可分，而 AIGC 是其中影响极大、令人印象极为深刻的技术。在电影创作的每个环节，人工智能都有发挥作用的空间。对于观众而言，观看一部由人工智能编写剧本、设计视听效果、制作特效、剪辑，乃至参与表演的电影，已经不再是想象，而是成了现实。

当下，人工智能在电影领域最重要的作用是使电影创作和管理趋于自动化和智能化，能在一定程度上将电影工作者从冗杂的重复性劳动中解放出来，使他们将更多精力投入更具创意性的工作。如今，视觉效果制作、特技效果设计、影片剪辑等需要大量重复劳动才能完成的工作，都在慢慢改由人工智能完成，因此电影行业内的许多工作正变得越来越自动化和智能化。本节我们就带大家看看 AIGC 在影视领域做出了什么贡献。

剧本创作

之前我们讲到过 AIGC 在文本创作领域的突出能力，剧本是文本的一种，AIGC 进行剧本创作自然也不在话下。其实传统剧本创作存在诸多困境，如周期长、困难多，一个剧本的写作周期与编剧和出品方都有关系，质量好的剧本，创作过程基本都在一年以上。一般来说，创作剧本时，创作者要跟制片方或导演反复沟通，确定剧本的创作方向、题材等，过程中需要明确对方的诉求。内容方向出现偏差，或者跟出品方要求不一致，都会致使项目中断。在这种情况下，AIGC 的使用就非常有必要了，它可以大大提升剧本创作的速度，缩短创作周期，给其他工作留出时间。

既然 AIGC 在剧本创作中如此重要，现在其市场应用情况如何呢？谷歌旗下的公司 DeepMind 就发布了 AI 写作模型 Dramatron，它可以生成人物描述、位置描述、情节点和对话等内容。人类作家可以编辑 Dramatron 写出的内容，将它调整为适当的脚本。我们可以把它想象成“剧本界的 ChatGPT”，只不过它输出的内容可以编辑为电影脚本，有用户已经开始用它来为戏剧和电影创建连贯的剧本了。如果你想使用 Dramatron 创作剧本，只需要在应用中输入故事的一句话梗概，然后 Dramatron 就会自动生成剧本标题、人物设定、场景设定、细节和对话。

Dramatron 会利用大型语言模型的优势，通过“分层故事生成”的方法生成脚本和剧本，使整个剧本具备长距离连贯性。而与之前的连续文本生成应用相比，Dramatron 的剧本创作过程能令故事更加连贯，它可以根据用户提供的戏剧主要冲突的摘要（称为“日志线”）生成整个剧本，剧本长度可达几万字。根据输入的日志线，Dramatron 可生成的内容包括标题、人设、情节、地点和对话。用户则能够在生成的任何阶段进行修改，输入替代性内容，编辑和重写输出文本，十分方便。

Dramatron 分层连贯的故事生成方式还有这样的作用：生成的人物角色可以被用作提示，在故事情节中生成场景摘要，随后还能为每个独特的地点生成描述。最后，这些元素都会被结合起来，为每个场景生成对话。在 2022 年 8 月的埃德蒙顿国际边缘戏剧节上，由 Dramatron 参与剧本编写的电影上映了，体现了它强大的实践能力。为了评估 Dramatron 的可用性，在对 Dramatron 的剧本进行评价的过程中，研究人员并没有依靠网上的非专家评审员的评价，而是邀请 15 位专家进行了长达两小时的会议，与 Dramatron 一起写剧本，对于最终的结果，大部分专家评审都给出了积极评价。

国内的数字化娱乐科技公司海马轻帆也上线了“小说转剧本”功能。打开“海马轻帆”网站，找到创作平台的“小说转剧本”界面（图 3-15），然后把小说的内容复制粘贴至“小说转剧本”文本框中，就能一键生成这部小说的剧本了。这一功能可以把小说中的描述性语言重新拆解、组合，“改造”成包含重要场景、对白、动作等视听语言的剧本格式文本。

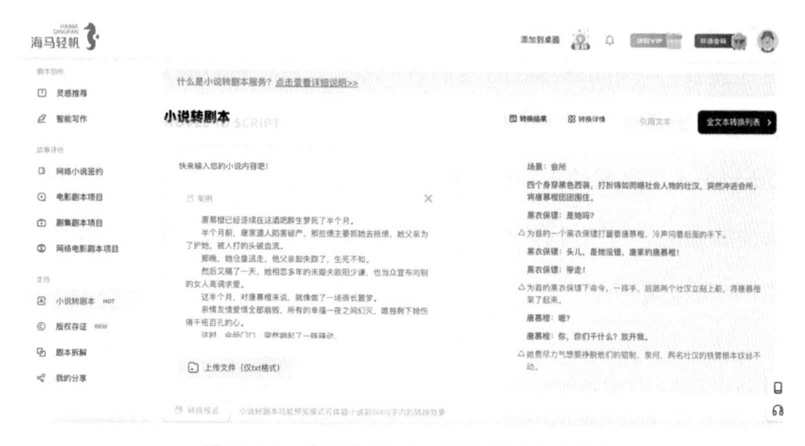

图 3-15　海马轻帆“小说转剧本”界面

它的用户，有小说作者、进行 IP 改编的编剧，还有具有大量小说改编开发需求的影视公司。通过“小说转剧本”功能，创作者只需要等待短短几秒钟，就能将小说文本转换成剧本格式文本。另外，这个应用还能通过 AI 语义理解技术，把小说中一些不必要的描写、人物内心独白、上帝视角等非视听语言去掉，完美实现从小说的文本语言到剧本视听化语言的基本转换，给创作者完成一大批 IP 改编繁杂的前期梳理工作。在 AIGC 的工作完成后，创作者只需要对转换后的剧本进行情节创意的构思创作就可以了。这项剧本创作的创新功能极大地缩短了 IP 改编制作的周期，能够有效提升影视剧本的改编效率，给影视公司进行短视频、中短剧、长剧集开发提供了智能化的高效改编解决方案。目前通过“小说转剧本”功能改编的短剧《契约夫妇离婚吧》，在快手小剧场数据良好，在上线的 4 个月内得到了 300 多万的点赞，账号涨粉超 62 万，1 个月内播放量突破 1 亿。

除了“小说转剧本”功能，海马轻帆还上线了“一键调整剧本格式”“角色戏量统计”“海量创作灵感素材库”“短剧分场脚本导出”“剧本智能评估”等丰富的功能。其中“一键调整剧本格式”功能能够将剧本在中式风格与好莱坞风格之间进行切换；“角色戏量统计”可以自动识别剧本中的角色，对每个角色的戏量进行统计，以图表形式呈现；“海量创作灵感素材库”功能则可以让用户输入关键词获得相关故事片段，在创作中获得灵感提示；“短剧分场脚本导出”主要针对短视频平台上的短剧创作需求，能为短剧创作者提供剧本一键导出脚本的功能。“剧本智能评估”功能面向内容创作和开发方，可以对电影、电视剧、网剧等剧本进行全面的智能数据分析，评测它们潜在的商业价值。

角色和场景创作

最近 AI 换脸爆火，不少艺人都经历过“换脸风波”，虽然更多人把它当成一种娱乐方式，但娱乐之外，AI 的的确确可以通过合成人脸、声音等，替换“劣迹艺人”、“数字复活”已故演员、实现多语言译制片音画同步、实现演员角色年龄的跨越、进行高难度动作合成等，减少演员自身局限对影视作品的影响。如 2020 年首播的电视剧《三千鸦杀》就采用了 AI 换脸技术。由于原来剧中的一位女演员解约，但是戏已杀青，重拍成本特别高，所以出品方选择使用 AI 换脸。

虽然现阶段生成式 AI 换脸的效果有待增进，但它为换角、补拍问题提供了一个解决方案，不至于牵一发而动全身。

除了解决演员的问题，AI 技术还能合成虚拟场景，用数字化手段生成无法实拍或成本过高的场景以及角色的面部、皮肤细节感，给观众带来更优质的视听体验。数字特效常会被用于各类动画和科幻主题影视作品，以及很多具有创意的短视频内容中。

电影《阿丽塔》在女主角形象的制作过程中就使用了两种基于深度学习的 AI 技术。第一，使用深度学习进行人脸跟踪时，输入面部活动的信息作为训练数据，让模型知道不同场合下面部哪里的肌肉被激活了；当由于拍摄原因面部被部分遮挡时，模型就可以推算出没有捕捉到的数据。第二，借助深度学习制作阿丽塔皮肤时，通过训练模型产生正确尺寸和方向的皮肤和毛孔，这样来生成细节使得皮肤和毛孔在脸上自然呈现，效果会更加逼真。《复仇者联盟 3》也使用了新的机器学习算法，目的是推进人物角色的面部表情捕捉过程，制作人员使用了基于机器学习进行面部捕捉的新方法，通过采集演员的面部扫描数据制作反派角色“灭霸”的表情，如此，虚拟计算机动画角色的表情特效能够更逼真地反映角色细微的心理变化。在国内，热播剧《热血长安》中的不少场景，也是通过人工智能技术生成的。工作人员在前期大量采集了场地实景，再配合特效进行数字建模，制作出栩栩如生的拍摄场景。演员则在影棚绿幕前表演，工作人员结合实时抠像技术，将演员动作与虚拟场景进行融合，最终生成视频。

后期制作

剪辑也是影视制作中需要耗费大量人力的一项工作。传统的剪辑方式会消耗大量时间，而人工智能剪辑则能够根据工作数据库里较为成熟的剪辑风格和镜头语言，对视频进行自动选择和组接，大幅度提高视频内容创作者的工作效率。

AI 参与剪辑同样也在市场上得到了广泛应用。例如，在 2019 年国庆大阅兵的直播中，央视新闻为更全面、更高效地展现现场，使用 AI 来完成分列式与群众游行的视频剪辑工作。AI 通过学习过去的阅兵画面、节目信号内容规律和时间点等数据，可以判断画面内容和稳定性，并掌握镜头运用逻辑，形成“多路信号 AI 剪辑模式”。这种模式可以同时完成多视频、多角度的画面剪辑和切换，其效率有人工剪辑无法企及的优势。直播当天，在阅兵方阵完成表演后 5 分钟内即生成了单个 AI 剪辑视频，AI 在 2 个小时内共完成 82 个视频的剪辑与输出。

AIGC 还能实现对影视图像的修复或还原，提升影像资料的清晰度，保障影视作品的画面质量，还原时代久远的经典作品。视频修复包括物理修复和数字修复，物理修复指的是对于胶片本身的修复，包括去除杂质、形变、划痕等流程，数字修复则主要集中在基于机器学习和深度学习的全自动修复。使用人工智能技术，可以尽可能代替以前采用人力的工作方式，从而减少人力与修复成本。视频修复解决的是老旧影视资料中画面雪花、胶片划痕等造成视频素材影响观感的问题。如果影视剧视频的场景比较固定，镜头运作和画面都比较稳定，整体的色彩风格比较统一，修复难度就相对较小。

AI 曾经修复过一百年前摄于北京的视频（图 3–16）和电影《我的 1919》（图 3–17），那么它是怎么做到的呢？主要有三步，分别是补帧、上色和分辨率扩增，说得更通俗一点就是：让视频变得更流畅，比如把 24 帧变成 60 帧；让黑白视频变成彩色；让视频变得更清晰，比如把 480P 的低分辨率变成 4K 的超高清分辨率。AI 是怎么修复老片的？我们以一款可以补帧的应用 DAIN 为例，这是一个基于视频深度信息感知的时间帧插值算法。在视频产业中，补帧其实并不少见，索尼电视的 Motionflow 技术和 AMD 显卡的 Fluid Motion 都是常见的补帧方案。但是 DAIN 在模拟生成一帧画面之前，会额外做很多准备工作。它首先会推测不同物体之间的远近关系和遮挡情况，然后会采用一种效率更高的方式对像素点进行采样，以此生成质量更高的画面。在这种方式下生成的补帧画面，比起传统补帧方法，更像真实拍摄的。另外，通过运用一项名为 DeOldify 的技术可以实现视频画面的上色，DeOldify 采用了一种改良过的 GAN 模型，既保留了 GAN 色彩绚烂的优点，又消除了视频中物体闪烁等副作用。不过，DeOldify 所呈现的色彩还原结果并不一定是真实的情况，这只是它自我学习的结果，认为原图像“应该”是这样的。

腾讯公司和环球音乐就曾联合多方团队共同呈现了“张国荣 2000 年《热 · 情》演唱会超清修复版”，数千万粉丝共同观看了这场由 AI 技术加持的经典演唱会。观众们熟悉的老片《三毛流浪记》

图 3-16　老北京视频利用 AI 修复前后对比

图片来源：https://hyper.ai/14992

图 3-17　电影《我的 1919》利用 AI 修复前后对比

图片来源：http://media.people.com.cn/n1/2020/1019/c40606-31896307.html

《小兵张嘎》《东方红》等100多部经典电影也都被爱奇艺重新修复为4K画质。为更好地推动经典修复的进程，爱奇艺还将高清视频修复作为一个重点方向，联合多方启动多个数字修复工程，会持续扩大高清视频修复的公益与商业价值。中影数字制作基地和中国科技大学合作研发了一个基于AI的图像处理系统“中影·神思”。借助该系统，中影基地已经成功修复了《马路天使》《血色浪漫》《厉害了，我的国》和《亮剑》等多部影视剧，利用该系统修复一部电影的时间可以缩短3/4，成本可以减少一半。优酷也利用阿里云的“画质重生”技术修复了老片，在优酷平台，经过修复的经典影视内容播放量增长迅猛，苏有朋主演的《倚天屠龙记》一经修复，在优酷的播放量就增长了450%。诸如《寻秦记》《士兵突击》《亮剑》等经典电视剧，经过AI视频修复后，都重新活跃于各大视频平台的榜单前列。

AIGC在影视领域的应用十分多样，从剧本创作、角色场景创作到后期制作，贯穿了影视制作的各个环节，许多影视作品都借助人工智能的力量丰盈了自己的光彩。作为观众，我们也乐见更多优秀的影视作品为我们带来欢笑。相信在未来，AIGC会渗透到更多影视制作的环节中，将影视作品打磨得更加精细。

互动娱乐：游戏中的生成式 AI 革命

无论是国内还是国外，生成式 AI 技术的发展已经深刻影响了游戏产业。游戏本身的强互动性以及强调实时体验的特性，让游戏开发者付出了极高的成本，而这也为生成式 AI 对整个行业的颠覆性革命埋下了伏笔。

你即使不是《王者荣耀》《原神》的资深氪金用户，应该也能注意到现在的游戏真是花样百出，更新换代极快。其实在生成式 AI 工具出现之前，即使是一款成本压缩到最低的小型独立游戏，也需要至少数百万元的预算，才有可能支撑游戏从开发到完成的所有阶段，更不用说一款大型商业游戏了。以市场上被游戏爱好者熟知的游戏《和平精英》《第五人格》等为例，虽然各家厂商都没有详细披露过自家游戏花费的成本，但从游戏规模来看，这些游戏的开发和维护成本必然都进入了亿元级。

国内的游戏产业起步相对较晚，一款游戏花费“轻松”就上亿元，那么国外已经处于成熟期的游戏市场，开发一款游戏需要多少钱呢？被评为史上最昂贵的游戏之一的《荒野大镖客2》，仅制作成本就高达数亿美元。整个游戏分为8个章节，有100多个任务，角色设定超过1000个，并且每个角色都专门设计了个性特色，配有专门的声音演员。这些努力使得这款游戏成为市场上拥有最精致、最真实场景的游戏之一，但是它所花费的金额也不是一般游戏可以比拟的。

因此不管是在国内，还是在游戏开发技术更为成熟的国外，游戏开发耗资费时是业界的共识，这也正是AI辅助创作工具被游戏开发行业寄予厚望的原因。一起来想象一下，如果AI辅助工具尤其是生成式AI技术能够很好地用在游戏开发领域，肯定会极大地解放生产力，提高工作效率，缩短游戏上线周期，游戏迷也不用翘首以盼许久才能等到游戏上线了。提升速度的同时，AI还可以帮助大幅度降低游戏开发成本，催生出更多新类型的游戏，给游戏市场注入新的活力。

游戏内容生成

AI的使用如何助力游戏开发降本增效呢？让我们首先来了解一下游戏的成本构成。简单来说，不管是以个人为主的小成本独立游戏制作，还是公司牵头、人员齐备的大型商业游戏制作，对游戏的开发投入都主要分为两个部分，一是人力成本，二是非人力成本。

顾名思义，人力成本指的就是游戏开发过程中所需要的各种人员费用。开发游戏的人员主要由三大工种构成，分别是策划、美工以及程序开发，在这三大工种之下，又可以分出系统、文案、数值、关卡、引擎、角色、场景、美术风格、原画等诸多职能。非人力成本则包括游戏开发的房租、电费、电脑、服务器、IP 授权费用等。人力成本占了所有游戏开发费用的大部分。

从游戏开发人员的具体工作来看，策划和程序开发的工作会贯穿游戏开发的始终，而在游戏制作过程中，花费时间最长、精力最多的其实是美工，美工的工作会涉及游戏角色、场景、美术风格等的设计和确定，整个游戏过程所出现的画面也需要美工去配合设计。尤其是近些年来，二次元文化细分领域的崛起，使得年轻用户对美术表现越发重视，游戏开发者也随之加大了对游戏美术的投入。

让我们以国内的游戏来举个例子。《崩坏 3》和《阴阳师》这两款游戏都红极一时，它们的爆红，促使国内手游市场走向了比拼美术品质的道路。随着这些画面优美、设计精致的二次元游戏大量进入市场，游戏行业就这么“卷起来了”。在玩家越来越追求高品质游戏画面的同时，游戏开发者也不得不投入更多的成本，以此维持自家游戏在市场中的水准，不至于被“比下去”。

在游戏市场不断内卷的当下，AI 绘画技术的应用能有效地缓解游戏制作者们的成本压力，同时也能够基本满足游戏玩家对品质的追求。以辅助 2D 创作设计为例，AI 技术主要被用在游戏相关元素的设计参考上。游戏的美术制作者们会在游戏前期的角色设计、场景概念设计、服装设计、武器设计、海报设计等方面借助人工智能，在短时间内尝试不同方向的内容呈现风格。但如果你理解为 AI 会直接帮他们画画就错了，美工们寻求 AI 的帮助，并不是为了得到一个可以直接使用的游戏画面或者人物，他们想要的其实是 AI 给他们提供一个思路，可能是颜色上的启发，可能是构图上的创新，也可能只是模棱两可的画面感受，创作者在这些基础上进行自己的创作，完善游戏设计。

游戏工作室 Lost Lore 的创始人就分享了自己使用 AI 技术辅助开发一款游戏的过程，那是一个叫 *Bearverse* 的手机游戏。他提到他们在角色设计这一阶段使用了生成式 AI 辅助设计，这一决定，将原计划 5 万美元的开发成本降到了 1 万美元，并在 1 个月内就完成了 198 个可操作角色的设计。

这个游戏中的角色以熊为主，每个角色都拥有自己的阶级和部族设定。要想通过美术设计将 198 个熊类角色区分开，真是很考验美工的技术了。在使用生成式 AI 的支持前，这个工作量可想而知，而在 AI 绘画技术介入之后，工作室的工作效率有了质的飞跃。

这款游戏的工作室利用 Midjourney，采用“AI 文字输入调整 + 人工调整”的方法来进行设计。为了生成一只新的熊，他们会加载已经画好的熊的图像作为参考，并添加详细的提示词，在这个提示词中规定新的可玩角色的特征，包括图像的主体颜色、熊爪子里握着的道具、角色的姿势、背景元素、是否有清晰反射等等。例如：“一头行军之中的邪恶灰熊，穿着铁制的盔甲，戴着头骨装饰，动态的攻击姿势，古老的头盔和防毒面具，后启示录风格”，等等，每头熊都有独特的提示词，如此就得到了诸如图 3-18 所示的结果。

图 3–18　Lost Lore 工作室使用 AI 绘画生成的角色熊

图片来源：https://gameworldobserver.com/2023/01/27/ai-use-case-how-a-mobile-game-development-studio-saved-70k-in-expenses

在 AI 生成图像的基础上，工作室的画师需要进行进一步调整，最终生成符合游戏需要的角色。这个流程大幅缩短了前期的设计时间。在游戏中，不止角色设计用到了 AI 绘画生成技术，部分 3D 建筑概念图也是由“多面手”AI 生成的。将初期设计的建筑概念草图输入 Midjourney，由 Midjourney 输出参考概念图（图 3–19），而后再由画师微调后定稿。如果你是这个游戏的玩家，那么你在游戏中经过的地方或许都有 AI 参与构建。

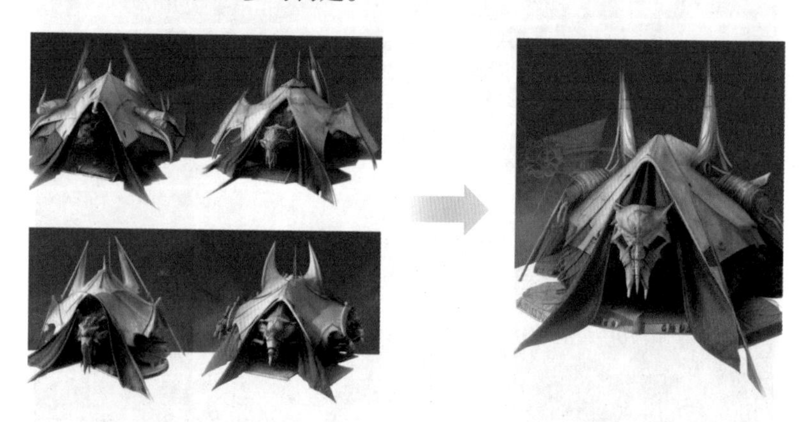

图 3–19　运用 Midjourney 绘画软件生成的 3D 建筑参考概念图（左边为草图，右边为生成结果）

图片来源：https://gameworldobserver.com/2023/01/27/ai-use-case-how-a-mobile-game-development-studio-saved-70k-in-expenses

用数字也可以直观反映 AI 技术对游戏开发进度的影响。以角色和场景概念图的创作为例，以该游戏工作室的效率，之前创作一个角色需要大约 16 个小时，开发 17 个角色就需要 272 个小时，换算一下大概是 34 个工作日。而工作室的艺术总监在 AI 绘画软件的帮助下，在不到一周的时间内就完成了对 17 个角色的调整。场景设计师在 AI 绘图软件的帮助下将通常需要 1~2 周才能完成的场景概念图的设计时间缩短到了一天。

从 *Bearverse* 的案例中，我们看到了 AI 赋能 2D 创作及 3D 建模设计的巨大潜力，而这还只是游戏开发过程中前期工作的部分。至于游戏动画、关卡和世界设计、游戏背景音乐、声音效果以及游戏中角色的语言和对话制作……生成式 AI 能够帮助解决的问题就更多了。

NPC

很多游戏中都有 NPC（non-player character，非玩家控制角色）的存在，早在生成式 AI 技术发展之前，就有游戏开发公司尝试利用 NPC 来提升玩家的游戏体验。比如最早的街机电子游戏之一——*Pong*，就是利用虚拟的对手来和玩家比赛，让玩家在对战中获得类似于现实生活中和真人对战的快感。但遗憾的是，这些虚拟的对手仅仅是游戏设计师编写的脚本程序，并不能根据玩家的不同表现自动调整自己的行为，使玩家获得更好的互动体验。

随着生成式 AI 的发展成熟，以 OpenAI 公司为代表的 AI 科技公司研制出了与“人脑”自身应答更相似的最新自然语言对话模型 GPT。有了它，很多游戏公司都跃跃欲试，想要创建出可以与之互动的高拟人化 NPC，以此提升玩家的游戏体验。

早在 2005 年就有公司做出过这方面的尝试，如游戏 *Fa?ade*，这是一款基于自然语言对话的游戏。玩家以晚宴客人的身份，通过文字对话的方式与住在公寓里的一对关系不和的夫妻聊天。玩家输出的语言会影响到夫妻的关系，也就是游戏的走向。这种高互动式的游戏吸引了众多玩家，让这款游戏红极一时。

作为实验性游戏，*Fa?ade* 所表现出的角色和玩家的高互动性影响了很多游戏开发者对互动类游戏的进一步想象。而随着生成式 AI 的深入运用，还出现了如 Charisma.ai、Inworld.ai 等可以为游戏开发者服务的智能聊天机器人平台。因此游戏开发者可以与这些机构合作，基于游戏中设定的世界观和角色特性，创建出独属于游戏世界的 NPC，这些 NPC 的语言和行为会随着玩家的不同而产生不同的变化，但是主旨都是服务于整个游戏世界。它们已经不仅是游戏的“门面装饰”，在推动故事情节发展以及玩家融入游戏体验中也发挥着重要的作用。

游戏开发商 Alientrap 也将 OpenAI 的 GPT-3、语音识别和自然语音合成等技术相融合，打造了一款游戏演示（图 3–20），一经发布就引起了广泛热议。

图 3–20　游戏演示截图

图片来源：http://www.gamelook.com.cn/2021/03/434604

游戏演示中展现的是测试人员和游戏中名为 Bobby 的市政工作人员的对话，如果不看画面，仅看 NPC 的回答方式和语气，很难分辨他到底是真人还是 AI。我们也能从这款游戏演示中窥见未来游戏的发展。在未来的游戏中，玩家们有望看到更智能的 NPC，而人工智能的使用也会极大地提升玩家的游戏体验。

另外，有很多公司在研发专门以娱乐为目的的聊天机器人，如虚拟聊天应用 Glow。Glow 的核心体验很简单，就是让 AI 陪自己聊天，用户可以根据自己的喜好设置聊天对象的“人设”，比如背景、性格、价值观等，用户还可以通过对话训练 AI 聊天对象，调整其语气和说话方式等。

创新型 AI 游戏

在游戏领域，人工智能真是有“十八般武艺”。除了借用人工智能提升游戏开发效率、节省成本以及丰富玩家游戏体验，人工智能本身也能创造出前所未有的游戏类型。以 Spellbrush 的 *Arrowmancer* 与微软的《模拟飞行》为例，二者的创新玩法都主要得益于生成式 AI 的实时内容生成。

Arrowmancer 是一款角色扮演类游戏（图 3-21），它最大的特点是由 AI 来创建角色，用户可以自己做画师，用 AI 来捏纸片人。AI 捏人的过程也非常简单，仅有四步：初始形态—确定发色和瞳色—完善细节—定格姿势。和市面上诸多游戏的捏脸功能相比，

Arrowmancer 玩法的上限较高，角色的画风还可以自选，俘获了很多用户的心。

图 3–21 *Arrowmancer* 游戏概念图

图片来源：https://www.arrowmancer.com

《模拟飞行》游戏则主打完整世界和仿真飞机的玩法（图 3–22），玩家在游戏中，能体验驾驶飞机飞行的快感。游戏是由 Bing Maps（必应地图）来构建真实地表的，它会通过 Azure AI 技术呈现游戏中事物的细节，还运用 Project xCloud 云服务实现了数据的交互。跟普通的飞行模拟游戏相比，这款游戏最大的特点是能实时生成内容，包括地图和景物等，而这都来源于人工智能的支持。

除了基于人工智能制作的单机游戏，一家名为 Hidden Door 的基于机器学习和沉浸式娱乐相结合的新技术工作室也已经推出了一个 AI 游戏平台。在这个平台，众多玩家需要参与构建一个共同创造和

图 3-22 《模拟飞行》游戏画面图

图片来源：https://tech.sina.com.cn/csj/2020-09-04/doc-iivhvpwy4807517.shtml

体验无限故事的多元叙事宇宙。

在平台所带来的游戏中，用户可以自行组队，将故事世界重新组合成互动图画小说。在桌面角色扮演游戏的叙事氛围（包括一个俏皮的 AI 解说员）下，任何人都可以即兴创作无尽的冒险情节，还有大量 NPC、物品和地点。在创作完成后，这些内容又可以被收集、交易并与朋友分享，还能被重新混合到新的世界和故事中。

国外的游戏产业对 AI 的运用已经如此“炉火纯青”了，国内的游戏厂商自然也不甘落后，众多国内一线游戏开发商如网易、腾讯、字节跳动等推出了使用 AI 技术的游戏项目。如网易的《逆水寒》项目组就宣布在游戏 NPC 创建中使用 AI 技术，并打出“实装国内首个游戏 GPT”的口号。游戏内的智能 NPC 能够和玩家自由生成对话，并自主给出有逻辑的行为反馈，这项功能已经成功上线，成为目前玩家能够体验的游戏内容。

字节跳动旗下的朝夕光年无双工作室也将AI技术应用到了竞技游戏中，他们与字节游戏AI团队合作，研发出了竞技场AI机器人。游戏可以根据玩家的段位，为玩家自动匹配合适的对战机器人，机器人还拥有与真人行为更相似的表现。这使得玩家可以体验到类似于和真人玩家对局的感觉，在很大程度上提升玩家的游戏体验，提高游戏的玩家留存率。

可以看到的是，生成式AI在游戏前期内容制作中的运用大幅度降低了游戏开发的成本，这将有助于打破游戏产业被大型游戏开发商垄断的局面，同时，这也会带来游戏类型的创新性发展。但是需要明确的是，目前设计师和艺术家并没有被取代的危险，他们只是将耗时的重复性工作交给了人工智能，游戏的核心创新还是掌握在人类手中。

在玩家体验方面，智能NPC的运用会大幅提升游戏的可玩性。在帮助玩家玩好游戏的同时，智能NPC也会在玩家的现实生活中发挥巨大的作用，无论是作为“问题解决专家”还是作为陪伴性的朋友，人工智能都会全方位提升玩家的生活体验。作为游戏的基础工具，生成式AI同样也会越来越频繁地出现在游戏市场中。

总之，作为生成式AI领域的一个重要发展方向，游戏将会在未来的产业发展中呈现出更多的革命性变革。而元宇宙的兴起对技术能力的更高要求，让我们看到了生成式AI技术更广泛的应用场景，这也为游戏产业的进一步发展指明了方向。

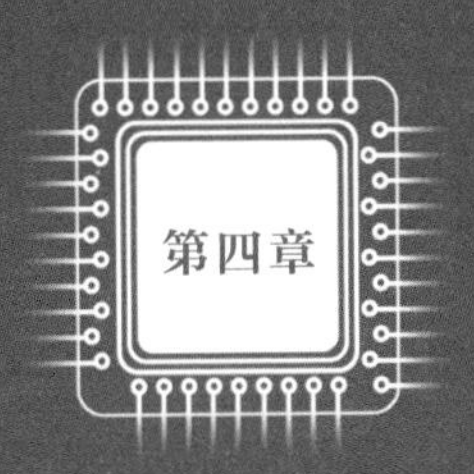

商业落地：AIGC 的产业应用与前景

在本章，我们会从行业职能，也就“做什么事”的角度，探讨生成式 AI 是如何深度赋能传统行业的五大职能板块的，这五个板块分别为：研发、生产、供应链、营销、客服。在整个产业链中，生成式 AI 运用自己出色的“工作能力”，为不同产业中的工作环节赋能，充当了“催化剂”的角色。相信对于处于职场中的读者而言，这章内容可能会与自己的工作内容十分贴合。也希望读者在读完这一章后，能在不同场景下更巧妙地运用生成式 AI，重塑生产力，提高工作效率，产生更大收益。

研发设计：设计能力样样俱全

设计数字和实物产品的原型是一个劳动密集型的迭代过程。设计团队通过反复迭代的方式，通过多轮工程分析、理解和优化来完善设计想法，以达到最好的结果。但是这样的迭代每次都需要耗费大量时间和经费，团队在开发时间内可能只能完成很少的迭代次数，也很少有机会探索其他替代的设计方案，因此最终设计往往不是最佳的。随着生成式 AI 技术的发展，产品设计领域出现了一种新的设计方式——生成式设计。

生成式设计（generative design）是一种有别于手动设计的新式设计方式，它应用 AI 能力为产品或零件提出多种设计变体，这样设计选项的生成速度更快，可以缩短产品开发时间并提供更多创造性选择。生成式设计的方式可以有多种形式，包括在原有产品的基础上增加或删除部分要素，也可以根据指定要求完全生成一种新的设计。通过承担大量标准化的工作，生成式设计工具让设计师能够更关注核心创新工作。

现阶段，生成式 AI 根据粗略的草图和提示来制作高保真的效果图已经成为现实。而随着 3D 模型的出现，生成式 AI 将延伸到产品设计领域，也就出现了我们所说的各种生成式设计工具。高德纳咨询公司预计，到 2027 年将有 30% 的制造商使用生成式 AI 来改进其产品开发流程，你的下一个手机 App 或下一双运动鞋可能是由 AI 设计的。这带来了设计领域新的变革，也带来了新的契机。同样，生成式 AI 也可以用在药物研发领域，预计到 2025 年，30% 的新药将由生成式 AI 设计。

产品设计分为外观设计和结构设计两个阶段。从设计层面上来讲，外观设计和结构设计就是一个产品从无到有的过程。构建产品外观形状的这一过程被称为外观设计，外观设计结束之后，为了实现产品的使用性能而进行的产品内部构造设计，便是结构设计。以下我们先介绍在外观设计和结构设计过程中，生成式 AI 是如何发挥作用的，然后会谈及药物研发中的生成式 AI。

外观设计

CALA 是一个领先的时装设计平台，可以将设计师的创意快速转化为设计草图、原型和产品，并将整个流程统一到自己的数字平台。CALA 新的生成式 AI 工具已上线并可免费试用，这项功能是基于 OpenAI 的 DALL · E 实现的。我们介绍过，DALL · E 能够根据用户输入的文字描述，生成各种创意图片，CALA 正是利用这样的功能，开发出一种新的时装设计模式：设计人员输入不同设计创意的关键词，CALA 能很快生成一系列时装设计原稿，极大地加快了整个时装设计过程。我们来看一下这是怎样一个“炫酷”的过程。

设计人员先从 25 个列表中选择基础款式（例如毛衣、衬衫、帽子等），然后输入提示文本来描述整体设计创意并选择材质，最后输入提示文本来修改装饰细节（如袖口或拉链等）。例如，我们选择生成“鸭舌帽”，并且输入“fashion, colorful, heart”（时尚的、多彩的、爱心）这几个设计创意（图 4–1），等待 20 秒左右，CALA 就为我们生成了 6 个鸭舌帽设计方案。可以看到，这些设计方案基本符合我们的设计要求（图 4–2）。

在确认好初步的设计方案后，就可以将这些方案直接插入设计工作台中，在工作台中进行进一步修改。设计人员可以在原有设计方案上添加新的图案或者添加批注，也可以对不同部位进行精确测量（图 4–3）。

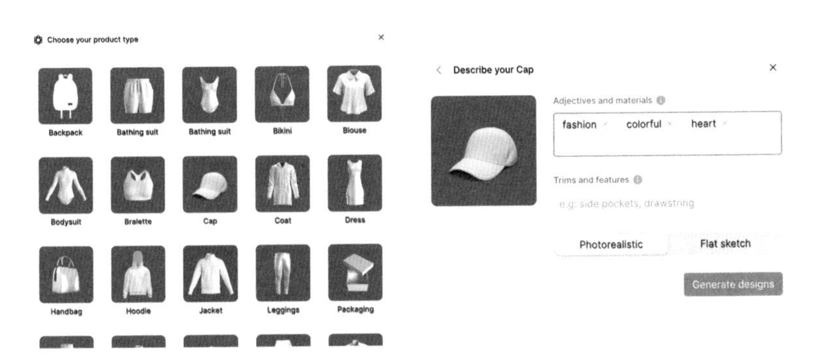

图 4–1　在 CALA 中选择款式和设计风格

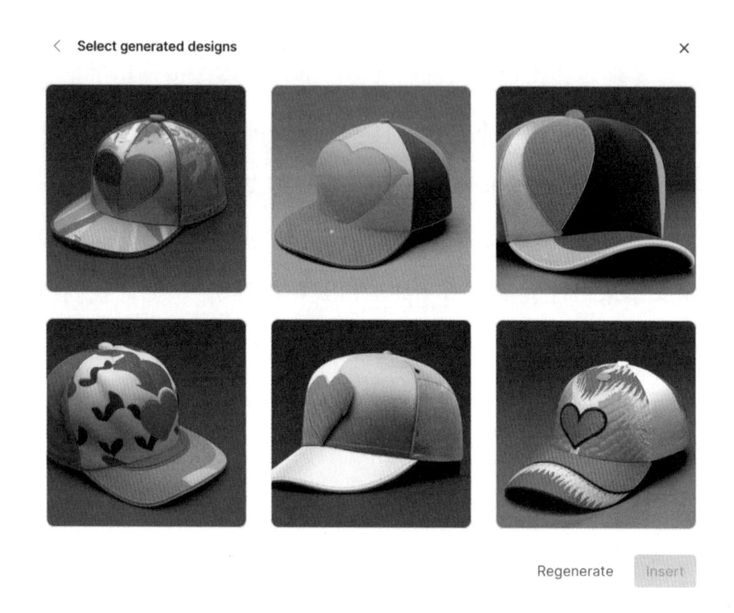

图 4-2　在 CALA 中查看生成结果

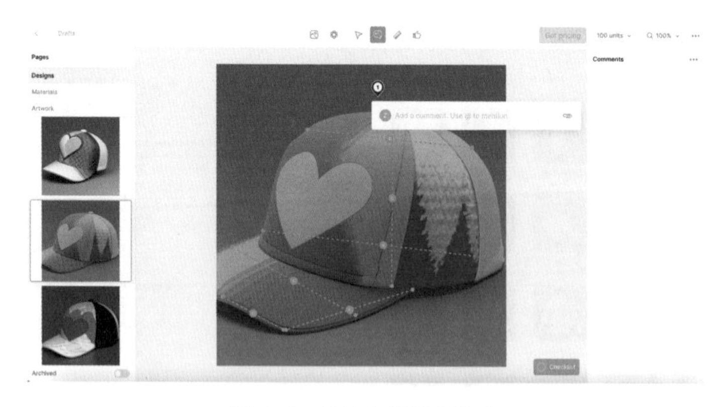

图 4-3　CALA 设计工作台

需要注意的是，CALA 并不是一键式设计工具，其使用过程仍需设计师的技能和经验储备，但它显著降低了新设计师的进入门槛，并为资深设计师提供海量创意，从而提升工作效率。生成式 AI 在时装设计领域的应用，也为其他领域的外观设计工作提供了一个很好的范例，比如建筑外观设计领域也逐渐形成了特有的生成式 AI 应用模式。

相比于时装设计，建筑的外观设计需要考虑的要素更多、更复杂，对 AI 生成结果的可用性要求更高。理论上说，Stable Diffusion 这种图像生成模型中已经潜在地涵盖了大部分建筑风格的高质量图像，但是让模型结果更加可控依然是一件困难的事。例如，在 Stable Diffusion 平台上，我们能够生成不少看上去漂亮的建筑造型，但这些造型往往并不是我们想要的，要想获得较好的建筑设计图，往往需要输入大量的提示词。我们使用 Stable Diffusion v2.1 模型，并且输入提示词“The architectural appearance of the commercial complex in the city center, full of fashionable colors”（市中心商业综合体建筑外观图，富有时尚色彩），可以得到如图 4–4 的这些图片。

我们可以通过人工辅助 AI 的方式渐进式地完成建筑外观设计。建筑方案设计过程包括方案构思、草图绘制、素材生成等多个阶段，Stable Diffusion 平台可以将每一步生成的结果设定为下一阶段的初始图片，接下来也会在这张图片的基础上，按照新给的提示词继续作画。通过这样的方式，让 AI 尽可能多地介入设计工作流程的各个阶段。如图 4–5 所示，人类设计师与 AI 配合，最终完成了一个写字楼从草图设计到定稿的全过程。

图 4-4　Stable Diffusion 生成的建筑设计图

图 4-5　Stable Diffusion 渐进式生成建筑设计图

图片来源：https://www.sohu.com/a/607863678_121124407

通过与生成式 AI 的协作，设计人员可以快速获得一个建筑设计的初步方案。在这个过程中，AI 虽然产生了一些奇妙的设计想法，但仍需依靠设计人员的校正，这样才能使最终的结果符合设计人员的设想。在这个基础上，设计人员再在细节上进行一些补全，整个建筑设计方案便可以完稿了。

生成式 AI 将协同和创作融合在一起，并且从最源头的灵感开始，在开放的机制下激发创造力和生产力，这种体验无疑是革命性的。相信在不久的将来，生成式 AI 必定会在不同的外观设计领域大放异彩，带来设计方法的全新变化。

结构设计

结构设计是产品设计的另外一个阶段，其中，汽车零件结构的设计是生成式 AI 的典型应用场景。美国通用汽车公司就在利用基于 AI 和云计算的生成式设计方法，探索一系列汽车零部件的设计解决方案。通过增材制造，汽车公司可以经济高效地制造复杂的零件和独特的组件来定制车辆。这些技术帮助汽车公司为客户提供比以往更好的性能和更多的选择。

增材制造指采用材料逐渐累加的方法制造实体零件的技术。根据其自身的特点，增材制造又称快速成型、任意成型等。增材制造一般被通俗地称为 3D 打印，近年来，3D 打印技术已大量应用于汽车制造行业。2015 年，总部位于底特律的初创公司 Local Motors 推出了 Strati，这是一款电动双座跑车，其部件有 75% 采用了 3D 打印技术。2016 年，位于洛杉矶的初创公司 Divergent 3D 紧随其后推出了 Blade，这是一款 700 马力的“超级跑车”，具有 3D 打印的车身和底盘。随着全球首款 3D 打印电动汽车“LSEV”在中国 3D 打印文化博物馆举行的发布会上亮相，3D 打印汽车也将成为未来汽车制造不可忽视的发展方向之一。

如果 3D 打印是通往未来汽车世界的一扇门，那么生成式设计将是打开它的钥匙。生成式设计是通过使用生成式 AI 和云技术，将工程师和计算机相结合，探索车辆零部件的不同设计解决方案的一种方式。这是计算机或工程师通过自己的工作不可能产生的。通过此模型，工程师可以建立组件设计目标和约束（包括材料、制造方法和预算等参数），然后将其输入生成式设计软件。接下来，该软件会使用算法分析评估所有可能的设计方案，并根据其计算结果推荐最佳解决方案（图 4–6）。

图 4–6 通过生成式 AI 设计出的汽车零件

（左边为原始零件，右边为 AI 优化后的零件）

图片来源：https://www.autodesk.com/customer-stories/general-motors-generative-design

3D 打印和生成式 AI 设计技术的结合，优化了汽车制造工业的生产效能，使得汽车实现了“更轻、更省油、更便宜”，在很大程度上提升了汽车品牌的竞争力。而提高汽车性能只是一个开始，未来，使用生成式 AI 设计在经销商处可以经济高效地制造零件，并定制车辆，例如根据客户要求定制装饰包，用客户的名字或客户最喜欢的球队的标志来个性化装饰他们的车辆，都将成为可能。

除了汽车制造产业，生成式 AI 在航空航天制造领域也发挥着越发重要的作用。戈达德航天中心（Goddard Space Flight Center，简称 GSFC）是美国国家航空航天局的一个主要研究中心，该中心开发了一种数字编码需求与生成式 AI 设计结合的航天部件设计工具，它只需花短短 2 小时就能完成航天部件的设计任务，并且其设计成果完全符合美国国家航空航天局设定的标准规范。该工具也可以满足航天中心内部大量仪器的设计要求，包括避免光路、热隔离、黏合接头和螺栓接头等要求。

一项来自戈达德航天中心的研究对人工设计与生成式 AI 设计进行了一系列对比，对比结果如图 4-7 所示。在此次对比过程中，人工设计进行了 4 次迭代：设计人员第一次设计的方案太重（实物重量为 0.59kg），因此在第二次设计中添加了镂空设计以减轻重量；第三次迭代对镂空进行了调整，以增加刚度；而第四次迭代是一种完全不同的设计，虽然可以满足要求，但通过数控机床和 3D 打印都不容易制造出来。

设计师	人类专家	人类专家	人类专家	人类专家	AI	AI
设计						
迭代次数	1	2	3	4	31	31
重量（kg）	0.59	0.18	0.27	0.18	0.2	0.2
最大应力（MPa）	26.3	189	103	60.7	14.8	11.2
制造方案	数控机床 1700美元，3周	数控机床 无报价	数控机床 无报价	数控机床/增材制造 无报价	数控机床 1000美元，3天	增材制造 2000美元，3周

图4-7　人工设计与生成式AI设计对比

数据来源：Ryan McClelland, "Generative Design and Digital Manufacturing: Using AI and Robots to Build Lightweight Instruments"

生成式AI设计在很多方面都优于专业的人工设计。人工设计只有最初的方案很容易制造，而生成式AI设计的方案都很容易制造。另外，与人工设计相比生成式AI设计的刚度质量比，提高了3倍以上，最大应力也大大减小。这些幅度的性能改进在机械设计领域很少见。然而，最重要的改进是完成设计的速度的提升：两名工程师花两天时间才能完成的设计，在使用生成式AI的情况下只需要一名工程师花大约30分钟来制定需求，然后根据这个需求花费大约1小时就可以完成。这表明开发时间或者说开发成本，有了大大的缩减。

生成式AI技术已经在生产制造行业迅速发展，结合数字制造等关键技术，优化设备结构的设计和制造，使研发时间大幅缩短，同时性能显著提升，这些提升通过以往的任何方式都不可能达到。生产制造行业中的结构设计领域，迎来了全面变革。

药物研发

AI 已经在医疗领域广泛应用，在辅助问诊、制订治疗方案、药物研发等方面均发挥着重要作用，并且发展十分迅速。尤其在 ChatGPT 问世后，其为医疗问诊带来了更大的便利，从互动形式、反馈内容到准确率和效率都有大幅提升。

大型互联网公司也陆续通过研发、收购等方式，推出生成式 AI 医疗平台。在 GPT-4 发布的前一天，谷歌联手 DeepMind 发布专门应用于医疗的生成式 AI 模型 Med-PaLM，该模型专门用于回答医疗保健相关问题。此前，微软语音识别子公司 Nuance 发布了使用 GPT-4 的医生临床记录 AI 应用 DAX Express，这是医疗行业第一款结合 GPT-4 模型的应用，能够在几秒钟内自动生成临床笔记，大大减轻医疗人员的记录负担。

随着生成式 AI 技术的发展，AI 不仅可以用于辅助问诊，甚至可以更深度地用于药物设计，辉瑞、强生等国际大型制药公司也均尝试通过 AI 研发药物，使用生成式 AI 设计针对特定疾病的蛋白质模型，有些药物已经进入临床试验。这也实现了生成式 AI 设计从宏观到微观分子层面的过渡。

药物研发包括药物发现、临床前研究和临床试验三个阶段，往往耗时漫长且需要巨大的资金投入。药物发现包括识别和选择药物靶点、发现或者设计先导化合物、优化先导化合物、选择候选药物等流程，难点在于靶点的发现和化合物设计，这也是药物设计的关键。生成式AI的出现，颠覆了传统药物研发进程。通过大量的数据测算，生成式AI可以快速识别药物靶点，然后从数据库中匹配合适分子，进而完成化合物的设计、预测药物代谢性质和理化性质、分析药物对人体的作用等等工作，帮助缩短药物研发周期，减少研发投入，提升研发效率。

具体而言，在常规的药物设计流程中，药物靶点的发现和化合物的设计需要经过大量的实验和筛选，从成百上千个分子中寻找有治疗效果的化学分子，但只有很少可以最终进入后续临床准备阶段。人类思维存在趋同和固化，在靶点的发现上难以跳出思维束缚，难以设计出结构不同的创新药物。多数潜在药物的靶点都是蛋白质，而蛋白质的结构决定了它的功能，这需要对2D氨基酸序列折叠成3D蛋白质的方式进行设计，很小的蛋白质能够折叠形成的形状和种类数量也十分庞大，这给药物设计带来了巨大难题。

然而，生成式AI在这方面具有天然优势，不仅可以通过机器学习模型进行大量数据的挖掘和计算，帮助迅速发现药物靶点，提高找到靶点的概率，而且能够计算出蛋白质折叠模式的最佳方案，进行蛋白质3D结构设计，甚至可以突破人类的固化思维和认知局限，生成人类此前未曾考虑过的新方案，预测、设计并生成全新的蛋白质，给出新的药物设计方案。

目前，生成式AI在蛋白质的设计和改造方面已取得了实质性进展，能够通过对蛋白质进行设计和建模，实现蛋白质的改造和进化。Salesforce Research、合成生物学公司 Tierra Biosciences 和加州大学的研究团队共同研发的新型人工智能系统 ProGen 就能够从零开始进行蛋白质生成，并且其生成的蛋白质具有很强的多样性。ProGen 生成的人工溶菌酶，虽然与天然溶菌酶蛋白质序列的一致性仅为 31.4%，但是具有相似的活性，催化效果得到了验证，这首次打破了 AI 预测和实验之间的壁垒。

英伟达的云服务产品 BioNeMo，能够用于生成、预测和理解生物分子数据，加速药物研发过程中最耗时耗财阶段的完成，其中就包括加速蛋白质的创造。该云服务产品依据专有数据通过生成式 AI 设计生成蛋白质结构，辅助研发出最佳候选药物。用户可以通过浏览器界面使用 AI 模型进行交互式推理和实验，确定蛋白质结构并进行可视化呈现，极大地加快药物研发设计的流程。

生成式 AI 在分子的生成和设计方面，不仅限于蛋白质这样的大分子，在小分子领域也已有相关应用落地。2020 年，人工智能制药公司英矽智能（Insilico Medicine）推出了分子生成和设计平台 Chemistry42（图 4–8），通过前沿算法模型，实现从零开始设计新颖分子，持续对生成的分子结构进行评估，并在生成式 AI 的辅助下进行药效、代谢稳定性、合成难度等多维度评分和优化。2023 年 2 月，英矽智能宣布其新冠小分子药物 ISM3312 正式获批进入临床试验阶段，该药物是冠状病毒复制所必需的 3CL 蛋白酶的小分子抑制剂，正是在 Chemistry42 平台设计的分子结构基础上优化而来的，这是英

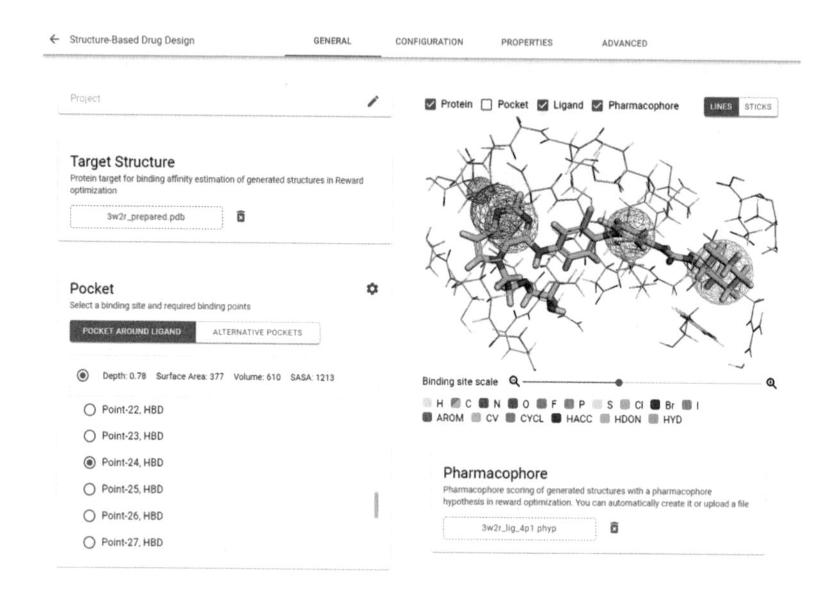

图 4-8　Chemistry42 用于配置基于结构的药物设计生成实验的界面

图片来源：Yan A. Ivanenkov, et al, "Chemistry42: An AI-based Platform for De Novo Molecular Design"

矽智能第二款使用生成式 AI 设计的小分子药物，也是全球首款获批进入临床试验阶段的 AI 设计的新冠口服药。正是因为生成式 AI 的参与，ISM3312 药物具有新颖的结合方式和分子骨架，与其他 3CL 蛋白酶抑制剂相比具有不同的作用机制和潜在的差异化优势，展示了生成式 AI 在药物设计方面的巨大能力。

生成式 AI 在药物设计领域的应用是 AI 生成设计能力从宏观到微观的延伸，但是由于基础数据和设计精细度的局限，AI 尚不能承担药物设计的全部流程，从设计到成药依旧困难重重。尽管如此，通过大数据和大模型，生成式 AI 在药物设计方面已经提供了很好的助力，随着模型的发展和数据的积累，生成式 AI 应用势必将在医疗和生命科学领域发挥更加重要的作用。

无论是外观设计还是结构设计，从宏观世界到微观世界，生成式 AI 都表现出很强的设计能力，在各设计领域的应用前景十分广阔。目前生成式 AI 在设计方案时，仍然只能做辅助性工作。因为设计的价值不仅在于输出设计图，更在于设计背后的体系化思考、与需求的对接、对市场的理解、同用户的共情等，这些仍需要设计师的专业技能和经验储备，仍需设计师在实践中对设计进行校正、迭代和应用。但是，不可否认，生成式 AI 应用于研发设计的优势也是显而易见的，能够迅速创建和修改设计，提供海量创意以供选择，提升设计效率。通过与生成式 AI 协作，设计师可以更快速地获得初步方案，利用 AI 辅助成图进行效果表达，突破知识范围和思维限制，更好地发挥创造力。随着生成式 AI 研究的不断深入，其在研发设计方面的应用场景必将越来越丰富。

生产制造："L4 级别"的智能控制

L4 级自动驾驶是指高度自动驾驶，能够在特定条件下完成驾驶任务，不需要驾驶员操作。L4 级代表着现阶段自动驾驶技术的最高水平（当然未来可能达到 L5 级），在生产制造领域，智能制造技术同样能实现"L4 级别"的智能控制。什么是智能制造？想象这样一个景象：各式各样的机器人在车间里忙碌着，有的机器人负责产品的组装，有的则负责运输，一个产品从组装、质检、打包到运输的整个过程，每一步都由机器人自动完成；当设备需要维护时，它们也会自动通知技术服务部门。这就是智能工厂里的日常，产品的制造过程由各种智能设备和程序主导，在这个过程中，各个工序的执行情况都通过传感器完整地上传云端，技术人员只需要在控制室就能掌控整个生产过程。

继蒸汽机（第一次工业革命）、电气化（第二次工业革命）、数字化和信息化（第三次工业革命）之后，智能制造对应的是第四次工业革命，也称工业 4.0。工业 4.0 最早是由德国提出的，其特点是自动化程度的提高以及智能机器和智能工厂的使用。同时，工业 4.0 利用数据分析与洞察，提升生产和供给效率。生产的灵活性得到了提高，制造商就可以通过大规模定制来更好地满足客户需求。

目前，智能制造已经在各行各业得以应用。例如在汽车制造行业，作为上汽大众自动化程度最高的生产基地，位于上海安亭的上汽大众新能源汽车工厂（图 4–9）采用了近 1500 台工业机器人，车身和电池车间基本实现无人化全自动生产，总装车间自动化率相比传统总装车间提升近 45%，极大地提高了全流程生产效率，也代表了目前全球汽车行业最先进的制造技术。再例如家居行业，美克国际家居携手 IBM 打造的智能制造项目，从设备、产线、运输、计划协调等多个方面进行智能化改造，利用工业机器人来实现自动化生产，提高劳动生产率，降低对人力的需求，实现产能翻一番，交付周期从行业平均的 120 大缩短至 35 天。

图 4–9　上汽大众新能源汽车工厂

图片来源：https://www.csvw.com/csvw-website/news/company-news.html?newsid=2927

可以看到，随着智能制造的不断普及，制造领域将越来越多地应用工业机器人。工业机器人以往的控制方式通常以一些预设的编程指令为主，当工况发生变化时，需要编写新的指令进行适配。如今，生成式 AI 的出现也带来了新的智能化改造思路，允许机器人或机械臂通过模拟学习物体是如何相互作用的，而不是仅仅依靠预编程的指令完成工作。

机器人控制

本节谈论的机器人，仅限于工业机器人。按照 ISO 8373 的定义，工业机器人是面向工业领域的多关节机械手或多自由度的机器人。它是自动执行工作的机器装置，是靠自身动力和控制能力来实现各种功能的一种机器。工业机器人最早诞生于 1954 年，美国人乔治·德沃尔（George Devol）第一个提出工业机器人的概念。1959 年，德沃尔与另外一个合伙人共同建立的 Unimation 公司生产出了第一台工业机器人 Unimate（图 4-10），由此开创了机器人发展的新纪元。

最初的 Unimate 重达 2700 磅（相当于 1.2 吨），功能也比较单一，安装在压铸产线上用于运输压铸件并将其焊接到位。随着产业格局的变化，为顺应不同制造行业的要求，工业机器人的精密程度不断提升，所具备的能力也越来越强大。如今，不管是在汽车、金属、化工、医药等传统行业，还是在手机、平板、智能穿戴设备等新兴产品的制造产线上，都可以看到工业机器人的影子。2022 年 12

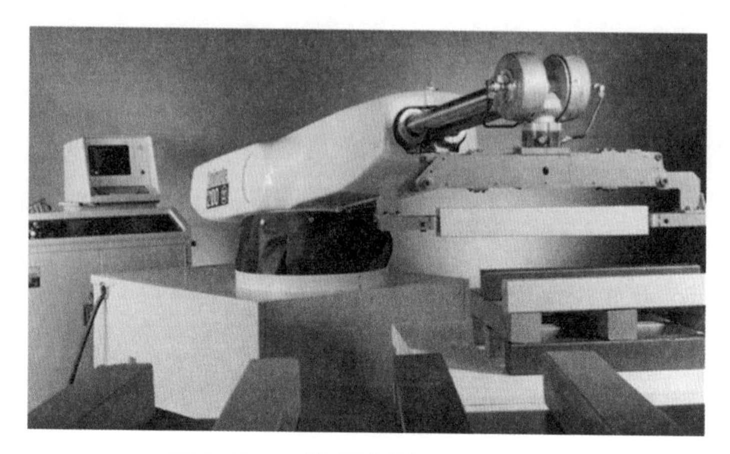

图 4-10　工业机器人鼻祖——Unimate

图片来源：https://www.roboticscareer.org/news-and-events/news/23360

月，ABB（总部位于瑞士的电力和自动化技术厂商）推出占地面积仅为 135mm × 250mm 的史上最小六轴工业机器人 IRB 1010（图 4-11）。这款机器人可以精确处理可穿戴设备内的各类小型组件，正是顺应了如今快速发展的可穿戴智能设备市场背景下，各大制造商对于在电子产线狭小的生产空间内完成快速生产的迫切需求。

随着工业机器人的应用越来越广泛，不同场景下的控制需求也变得越来越复杂。目前，大部分工业机器人还是采用比较底层的空间定位控制手段，这是最简单也最常见的方式，是通过编码实现一系列固定的动作，并且循环往复地执行。这种方式已经非常普遍了，对特定环境下的自动化工作相当有效，但缺点也很明显，工况只要稍微发生变化，就会导致机器人运行出错。以码垛机器人为例，工件的位置和

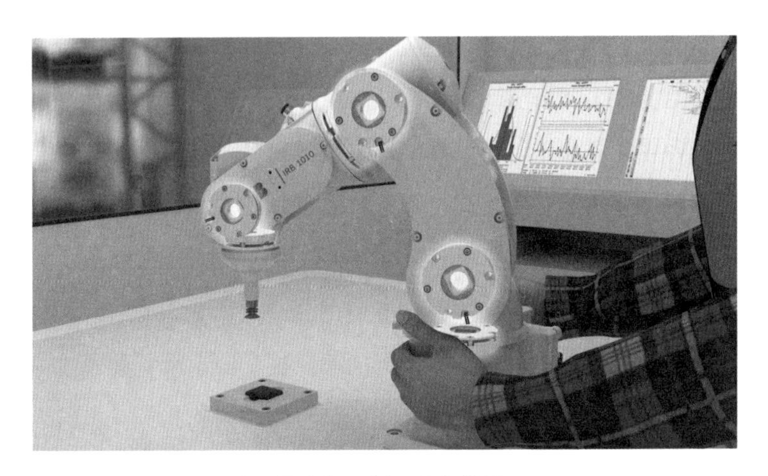

图 4-11 “史上最小”六轴工业机器人——IRB 1010

图片来源：https://new.abb.com/news/detail/95706/prsrl-abb-unveils-smallest-industrial-robot-with-class-leading-payload-and-accuracy

摆放角度要是发生变化，机器人就可能无法准确抓取工件，以至于无法完成后续工作。

现在已经有技术尝试增加机器人的视觉感知能力，通过工业视觉技术，让机器人自动识别工件的位置，动态改变机器人的移动距离或抓取角度，提高机器人对复杂工况的适应能力。但即使这种优化，也仅适合相对简单的场景。如今工业生产制造过程中，用户对机器人的泛化能力要求不断提高。例如工件不仅位置会发生变化，其形状、重量、硬度都会发生变化，不同规格的工件也需要分情况处理，让机器人自如应对这种多样性要求，成了机器人研究人员的新挑战。

为了解决这些问题，谷歌机器人团队等提出了 Robotics

Transformer 1（RT-1）。没错，就是我们之前聊过的那个 Transformer 模型，RT-1 可以理解成 Transformer 在机器人控制领域的自然应用。这是一种多任务模型，可以准确地将视觉设备采集的实时画面与指令要求的文字描述，转化成机器人最终的动作序列，从而在运行时实现高效推理，使实时控制成为可能。这个过程如图 4-12 所示，文字与图像信息首先经过一个叫作 FiLM EfficientNet 的卷积神经网络进行预处理，这将生成一个中间编码向量。这个向量最后会通过一个 Transformer 模型转化为机器人能理解的一系列操作指令。机器人最终也会依次执行这些指令，完成此任务要求。

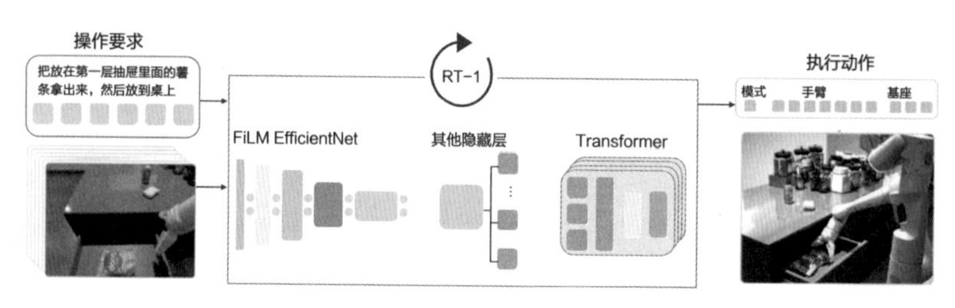

图 4-12　RT-1 技术原理

图片来源：Anthony Brohan, et al, “RT-1: Robotics Transformer for Real-World Control at Scale”

谷歌的研究人员收集了一个大型的测试数据集，该数据集有超过 13 万个视频文件，其中包含 700 多个任务，动用了 17 个机器人，前后历时 13 个月完成。在此基础上，他们基于 RT-1 研制了一台机器人。该机器人目前的技能包括挑选物品、放置物品、打开抽屉、关闭抽屉，以及将物品放进、拿出抽屉等。研究人员在多个方面对 RT-1

的泛化能力进行了测试，例如先前未见过的指令、对其他物体的抗干扰性、对不同背景和环境的适应能力，以及结合所有这些元素的现实场景（图 4–13）。测试表明，RT–1 在以上这些测试场景下都表现良好，都明显优于同类型模型。

RT–1 可以说为工业机器人具备更通用的应用能力提供了一个不错的解决方案，我们相信，通过借鉴这种机器人的训练和应用方式，不同的应用领域必定会出现更多泛化能力更强、智能化能力更高的机器人。

图 4–13　RT–1 机器人在不同维度上的泛化能力测试

图片来源：Anthony Brohan, et al, “RT-1: Robotics Transformer for Real-World Control at Scale”

多机器人协同

我们已经介绍了通过现今的强大模型，可以为工业机器人加入更多智能，提升机器人的工作效率。但是单个机器人的工作能力始终是有限的，有时候依靠单个机器人难以完成生产实践的工作指标，人们迫切需要研究新的方向来满足制造领域中的实际需要，于是多个机器人协同的方式进入了研究人员的视野。

与单个机器人相比，多个机器人组成的系统体现了一定的优越性。首先，多机器人系统承载能力强。多机器人系统是一个群体，每个机器人在各自工作的同时还能协调配合其他机器人的工作，使得工作时间大大缩短，有效提高了生产效率。其次，多机器人系统容错能力强。在多机器人系统中，每个任务可以由多个机器人参与，不完全依赖一个机器人，一旦某个机器人出现故障，可以通过控制调配系统，交由其他机器人完成相应任务，以此降低系统整体的出错概率。

由此可见，多机器人系统的协同控制是至关重要的，这也是多机器人系统的核心研究主题之一，特别是现如今蓬勃发展的人工智能如何在这方面提供新的思路，值得我们共同思考。事实上，已有研究人员针对铰接式物体的多机器人协同操作，论证了生成式 AI 确实能产生积极作用。

什么是铰接式物体？铰接就是用铰链把两个物体连接起来的一种形式，铰链则是一种用于连接或转动的装置，使门、盖或其他摆动部件可借此转动。所以，通过铰链转动的门是最常见的铰接式物体。而开关门只需要一只手完成，因为铰链连接的另一个物体——墙是固定不动的。这里我们重点讨论的铰链连接的物体都是不固定的，最简单的例子就是剪刀或者钳子，小的剪刀或者钳子只需要两个手指控制，大的则需要两只手。工业上，类似的物体就需要多个机器人协同操作。这种看上去简单的操作，对机器人来说却很难处理。

研究人员专门设计了一种叫作 V-MAO 的方案来应对这种场景。具体的做法是：给定一张铰接式物体和场景的 RGBD 扫描图（即在原有色彩图的基础上增加了深度信息，表示与传感器之间的实际距离），基于这张扫描图我们使用生成模型来学习每个机器人手臂正确的操作接触点分布。如图 4-14，第二个机器人手臂（第二行）的生成模型以第一个机器人手臂（第一行）执行的动作为条件。

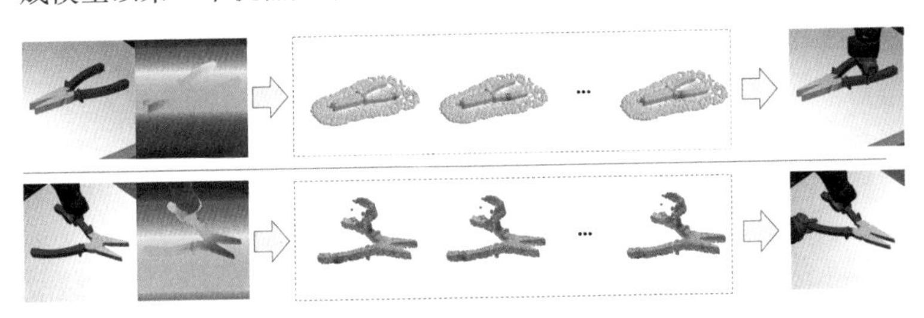

图 4-14　V-MAO 工作原理

图片来源：Xingyu Liu, Kris M. Kitani, "V-MAO: Generative Modeling for Multi-Arm Manipulation of Articulated Objects"

这个过程中，研究人员创新地将多机器人操纵协同的问题转化为这样一个数学过程："铰接式物体各刚体部分的点分布数据"到"多机器人操作接触点"的生成模型，以分层方式学习局部和全局点特征。这里也同样用到了我们之前介绍的编码器和解码器结构，这一结构被用于处理三维点云的几何结构和点特征分布。测试通过在定制的仿真环境中部署该方案进行，经过测试，这一方案在六种不同的物体和两种不同的机器人上表现出很高的成功率。这也证实了生成式 AI 通过学习复杂工件的接触点分布，可以有效地实现智能化的多机器人协同控制。

工业质检

工业质检是生产制造中最重要的环节之一，所有产品的生产产线几乎都有质检环节，只有通过质检环节的产品才能流向市场，也只有质量经受住市场考验的产品才能长期、稳定发展，质检工作的重要程度可见一斑。当然，针对不同的产品，其质检的内容和要求也不同。例如，瓶装饮料需要质检其外包装是否粘贴完好，生产日期、有效期是否印刷清晰；汽车零件需要质检其表面是否有划痕，是否采用正确的倒角。

传统工业质检依靠人力，这种方式存在很多问题：不同质检员检测标准不统一，甚至每个人自己的检测标准也会有变化；劳动强度大且单一，质检员很容易疲劳且注意力不集中，从而导致误检率和漏检率上升；培训成本高、周期长，质检员的工作经验无法直接复制，若其调岗或者离职，需要花费同样的时间和精力重新培训新的质检员。

现今，很多企业都已经认识到传统质检方式的弊端，转而使用更为智能的 AI 质检方式。如图 4-15，AI 质检利用基于深度学习的视觉检测技术，在工业生产过程中，对产品图像进行视觉检测，从而帮助发现缺陷，再结合后续的运动控制结构，对缺陷产品进行剔除，真正有效消除质量隐患。

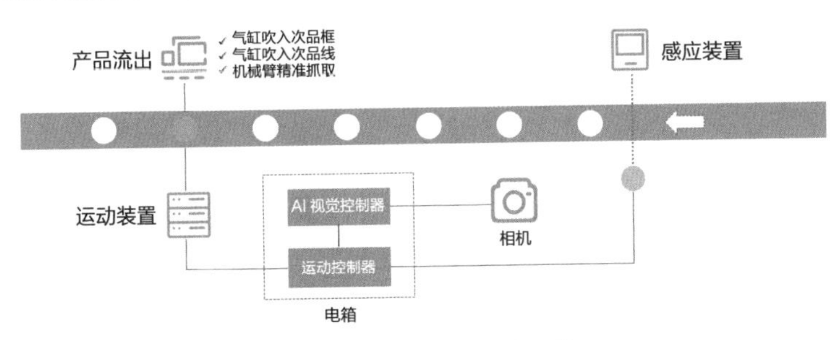

图 4-15　AI 质检系统结构

AI 质检替代传统的质检方式已经是必然趋势，但依然存在一个现实问题：一般情况下，基于深度神经网络的视觉模型需要一定数量并且覆盖多种类型的缺陷图片来进行训练；然而，某些场景下，很难收集涵盖所有可能特征的缺陷数据集，尤其是对于小而弱的缺陷。这一方面是因为这种缺陷图片在实际的生产过程中很难被发现，又确实存在；另一方面是因为现场的采集工作费时费力，缺陷图片的数量和质量很难保证。这样，视觉模型就很难达到不错的效果，AI 质检也会存在漏检率或者误检率偏高的情况。

对于这个问题，我们会采用一种样本增强的技术来对缺陷库进行补充。而传统的样本增强技术无非是对原始图片进行各种方式的变换，常见的有平移、旋转、缩放、翻转等等，这种方式对于个别小样本问题鲜有成效。随着生成式 AI 的发展，出现了一种新的解决方案来应对这个问题，即利用生成式 AI 模型对缺陷图片进行生成，再利用生成出来的缺陷图片进行视觉模型的训练。在这个过程中，通过两个步骤对缺陷图片进行扩充。第一步，对于同一个缺陷类型，设计不同缺陷位置的图，可以通过人工构建或平移等方式生成，我们把这些图称为种子图。第二步是重点，对于每一张这样的种子图，生成不同缺陷强度的图片，如图 4–16 所示，每一行从左到右，缺陷强度都逐步下降，各自生成 6 张不同强度的缺陷图片，实际操作过程中可以生成更多。这样一来，缺陷库就一下子丰富了。

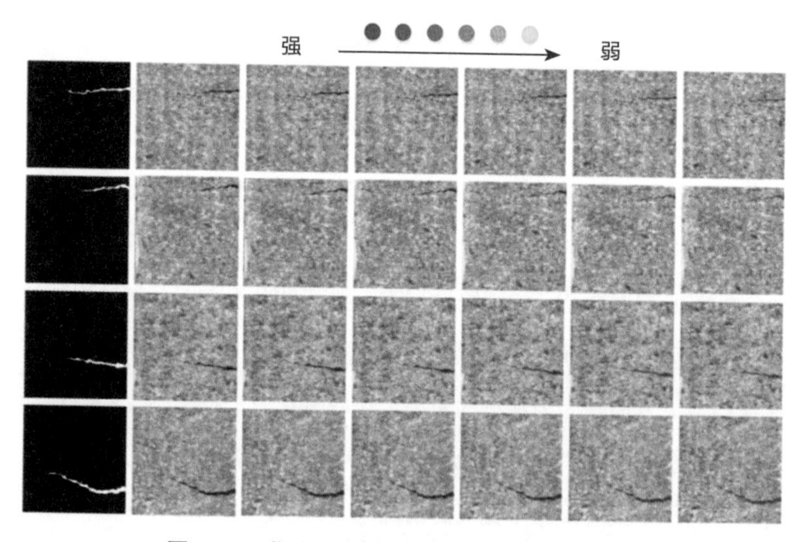

图 4–16　指定缺陷类型生成不同缺陷强度图片

图片来源：Shuanlong Niu, et al, “Region–and Strength–Controllable GAN for Defect Generation and Segmentation in Industrial Images”

通过这种方式，模型对弱对比度缺陷的检测能力显著提高，整体检测性能也在显著提升，而这让我们看到，生成式AI已经在AI质检领域产生了积极的作用，也让更多场景下的AI质检应用成为可能。

生成式AI模型，看似只是在文本和图像理解以及生成方面形成特有的技术优势，但其实正在作为强大的通用基础模型，给传统行业的智能化提升带来帮助。生成式AI模型在工业控制和质检方面的成功应用，也充分证实了这一点。由此出发，借助成熟的生成式AI模型，实现对传统制造过程中不同设备的智能化改造，将是未来我们持续关注的话题。

供应链管理：库存计划可自动编程

供应链是生产和交付产品或提供服务给最终用户的网链结构，它从原材料供应商一直延伸到最终消费者，涉及原材料供应商、生产商、分销商、零售商以及最终消费者等角色。供应链管理是针对从客户的客户，到供应商的供应商的产品流、信息流和资金流的集成管理，目的是最大化提供给客户的价值，同时最小化供应链的成本，包括直接成本、作业成本和交易成本等。供应链管理的核心包括需求预测、库存计划、仓储规划、配送优化等模块，随着供应链各环节中沉淀的数据越来越多，通过一系列数据驱动的管理方法，企业可以在供应链上实现降本增效的目的。

供应链领域的 AI 应用

供应链领域从不缺乏数据，同时也非常依赖经验。供应链管理者通常配备了专门人员进行数据的统计和分析，他们的核心工作就是从各种数据中发现供应链运行中存在的问题，然后进行有针对性的调整。尽管如此，最终诊断出的结果还经常具有误导性。造成这种现象的原因主要是：不少供应链管理者的经验和水平有限，他们针对运营数据，只能简单粗略地根据自己的常识和经验做出一些判断。虽然目前市面上常用 ERP（企业资源计划）和 WMS（仓库管理系统）等各种专业的信息化系统，但是它们只能忠实地记录数据，并不会给出建议。现有的信息化系统缺少预警和预测未来的功能，也不会告诉管理者应该如何行动，加上供应链体系的复杂性和不确定性，导致许多供应链决策都是滞后的。因此，可以说传统的供应链管理主要是基于经验的，一旦决策失误就会造成巨大的成本浪费，使企业丧失竞争优势，甚至带来更严重的损失。

全球知名的管理咨询公司麦肯锡公司预测，通过在供应链中使用人工智能，企业每年能够获得 1.3 万亿 ~2 万亿美元的经济价值。人工智能为企业决策提供了助力，企业能够通过人工智能处理和分析大量的数据，以了解现实情况，然后做出合理的决策。众所周知，当供应和需求不匹配的时候，企业会供需失衡导致供应链失调，从而蒙受损失。人工智能的预测能力有助于预测需求，并且规划供应链网络，使得销售商变被动为主动。物流公司也可以通过预测需求量，合理调配运力，将运力重点放置在预期需求大的位置上，这样可以降低运营成本。此外，人工智能还可以进行复杂的情景分析和预测，并可以进行精确的仓储规划和库存优化。

趋势表明，在未来几年内智能仓库将成为主流，大型仓库的管理将会完全实现自动化，人工智能在其中也发挥着越来越重要的作用，成为不可或缺的角色。智能仓库是一个完全自动化的设施，其中大部分工作是通过智能机器人来完成的，将烦琐任务简化，在成本控制方面也极具优势。电商巨头亚马逊和阿里巴巴已经使用人工智能改造了它们的仓库。

亚马逊公司在物流中心使用智能机器替代真人员工完成打包等工作。这套名为 CartonWrap 的自动化打包生产线，主要由分拣、裁切和打包三个核心模块以及其他辅助模块组成。据报道，该机器在理想状态下每小时可以输出多达 1000 个包裹，打包效率比人工高 5 倍。阿里巴巴的智能仓库则通过一整套自动化系统，每天可高效处理超过百万件商品，目前货品的运输、仓储、装卸、搬运等环节可由自动化系统完成，人工仅需在条码复核和分拣机监护等环节投入，效率至少提升 30%，拣货准确率接近 100%。

供应链领域中 AI 应用已经十分广泛，并且令人激动，可以优化供应链的各个环节，提高供应链的效率并节约成本。AI 尤其是生成式 AI 在需求预测和库存管理两个方面发挥着重要作用。

需求预测

因为供应链管理应该以市场需求为导向，而需求预测能够在一定程度上体现出市场需要何种商品以及需求量是多少，所以需求预测是所有供应链计划的基础和核心。需求预测也是每个企业都应该高度关注的问题，只有做准了需求预测，才能实现其与供应链的完美共舞。例如，华北地区的知名连锁超市——物美超市，就是根据需求预测进行备货和人力调度安排的。相比以前的传统模式，它的商品缺货率从17% 降至个位数，库存周转天数从 27 天下降至 17 天。

传统的需求预测一般采用征集销售人员或专家意见的方式来预测市场的需求量，或是采用基础统计的方法，这些方法不仅工作量大、成本高，而且预测的准确度也不高。人工智能的需求预测和传统需求预测的区别在于人工智能预测会基于更多数据维度，这些数据维度整合在一起，可以帮助人工智能时间序列模型进行需求预测，测算出在未来一段时间内商品的需求情况。

具体来说，使用人工智能进行需求预测时可以将以下的数据维度作为模型输入。第一，商品特征：基于合理设计的商品标签体系，对商品相关的属性、文本、图片等多个方面的特征提取与整合，构建完善的商品特征库。第二，历史销量：历史销量数据是构建时间序列模型的最基础数据，而对历史销量数据的分析和处理，则是复杂而重要的一环。第三，季节性因素：季节性因素是进行需求预测的重要特征数据，随着季节更替与往复，需求量往往呈现某种规律。第四，促销活动：促销活动会带来需求的波动，在进行需求预测时需要考虑往期促销活动中的销量表现，还要考虑未来新的活动方式带来的变化。如图 4-17，某商品需求量的预测值和实际值非常接近。

在零售场景中，人工智能可以更准确地预测商品的需求。基于人工智能的需求预测，对未来两周预测的准确率能够达到 75%~85%。

相比而言，运用传统策略加上人工经验的方法，需求预测的准确率一般最高只有 70%。同时，基于人工智能的需求预测也可以显著地降低库存周转天数，实现相应的效益提升。例如，生鲜品牌通过人工智能需求预测可以优化库存管理、减少生鲜损耗、降低经营风险。

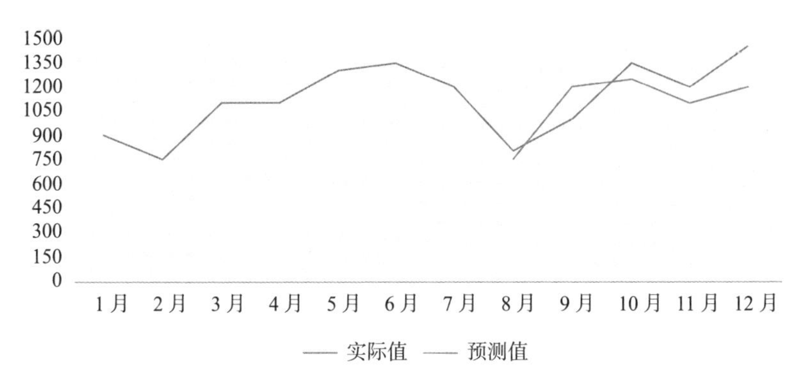

图 4-17　AI 需求预测值和实际值对比

随着人工智能技术的发展，生成式 AI 能够更加准确、快速地赋能需求预测。在前文中，已经介绍了 seq2seq 模型，用于需求预测的模型架构参见图 4-18。实验证明，可以使用 seq2seq 模型在不同销售地点和不同时间点，针对不同商品进行需求预测，从而降低需求预测工作的复杂度。相比于其他几种模型，seq2seq 模型以较低的计算成本实现了优秀的需求预测效果，能够高效支持供应链领域的应用。

图 4-18 是用于需求预测的 seq2seq 模型架构。在 seq2seq 架构图中，左边的框里显示了编码器，它以历史销售额以及其他与时间相关的附加数据作为输入，并返回最后一个单元的隐藏向量作为输出。架

构图的中间显示了上下文条件模块，该模块接收来自编码器的输出，并将其与不随时间变化的静态数据连接起来。最后，在右边的框里，解码器接收上下文条件模块的输出作为初始状态，并向第一个循环单元提供一个特定的符号，解码器以自回归方式产生序列预测。以上就是生成式 AI 的 seq2seq 架构，在实践中能够准确且高效地对市场需求进行预测，从而精准地进行供应链管理。由此可见，生成式 AI 不但“能说会道”“能写会画”，还可以成为供应链中的有用工具，提供见解和预测，促进供应链的智能化。

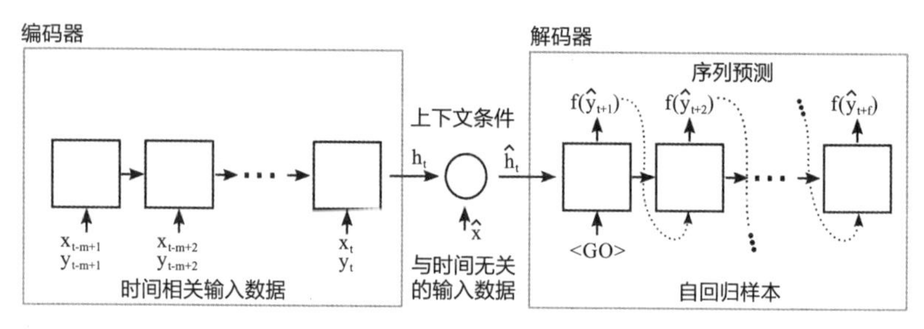

图 4-18　用于需求预测的 seq2seq 模型架构图

图片来源：Iván Vallés-Pérez, et al, “Approaching Sales Forecasting Using Recurrent Neural Networks and Transformers”

库存管理

供应链的库存管理不应该理解为简单的需求预测与商品补给，而是要通过库存管理的手段来进行服务质量和企业利润的优化。通常，库存管理的主要内容是采用分析和建模技术来评价库存策略的效果。

在决定经济订货批量，即订货成本和储存成本最低的采购批量时，应考虑供应链各环节的影响，在充分了解库存状态的前提下确定适当的策略。有效的库存管理使得企业通过对各方面资源的平衡利用，对供应链不确定性所带来的缺货和滞销等风险进行有效的识别、缓解与控制。

库存管理不仅仅是完成客户订购后将货物运送给客户的工作。它需要在客户订购之前就准备好，这需要非常精确的预测。库存过多可能引起滞销意味着收入损失，库存不足意味着短缺和客户不满。传统库存管理依赖人工经验，常有卖断货和库存积压并存的问题，刚性、固化的供应链难以适应需求变化。人工智能可以通过学习，准确预测消费者对特定商品的需求，可以对不断变化的趋势做出反应。具体来说，人工智能基于预测和优化算法，结合商品历史销量、季节性、促销等多方面因素，动态调整安全库存（即为应对未来物资供应或需求不确定性而准备的缓冲库存）、补货点、补货量等，制订最优库存管理方案。在进行库存管理时，也需要考虑区域需求、季节性变化等因素，并准确地预见商品是否会从货架上离开或在仓库中枯萎。这样，在每个销售周期内，当库存下降到补货点时，就可以按最优化的方案进行补货。

我们知道，服务水平越高，安全库存越大，成本也就越大，但服务水平过低又将失去顾客，因而确定适当的服务水平是十分重要的。基于人工智能的库存管理能够合理设计安全库存并精确计算补货的时间点，制订多样化补货计划，并且实时洞察消费者的需求变化，在必要时动态调整补货计划，从而使企业能够提高库存管理的效率，可以在降低成本的同时提高客户的满意度。

然而，现实情况有其复杂的一面，许多大型生产网络，可能涵盖数千种最终产品以及数万甚至数十万种原材料和中间产品，这些网络面临着异常复杂的库存管理决策。以往的库存模拟方法在概念上设计得很简单，能够对普通的库存系统进行建模，但要应对这种“大规模库存”问题，可能就捉襟见肘了。主要原因是这样一个系统，在数学上往往存在成千上万的抽象节点，如果模型设计得不好，那么对这些节点以及它们之间的关系建立内部结构，消耗的时间和资源将是无法估量的。而其后一旦涉及库存管理优化，建立起来的优化问题也是难以解决的。对于这种“大规模库存”问题，采用生成式 AI 中常用的序列模型来构建库存模型，是一种效果不错的方法。我们来看一下具体是怎样实现的。

我们发现库存模型和 RNN 模型非常相似。RNN 模型我们在前文介绍过，它能够对时序数据进行建模，在每个时间节点接收当前时间节点的输入和上一个时间节点的输出，然后计算得出本时间节点的输出。库存管理模型的相似之处在于，库存系统每个时间节点同 RNN 一样都对应三个重要部分：输入，这里对应的是来自外部的需求；内部网络结构，这里对应的是库存内部复杂的网络结构；输出，这里对应的是库存管理成本。最重要的是，每个时间节点都通过序列的方式影响着后续的每个时间节点（图 4–19）。库存的优化问题，则转换为这个序列模型的训练问题。

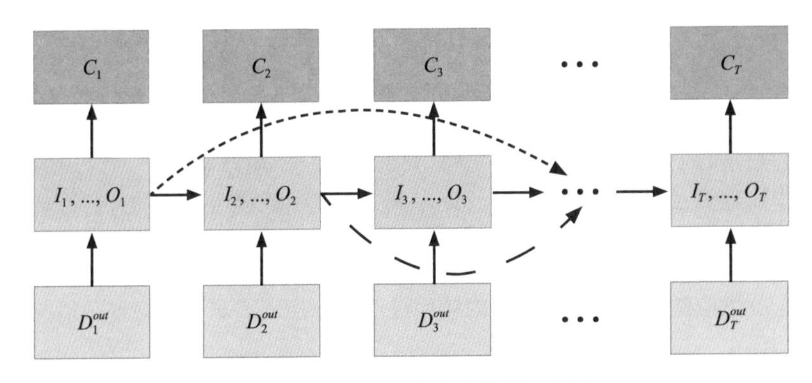

图 4-19　RNN 生成库存模拟示意图

图片来源：Tan Wan, L. Jeff Hong, “Large-Scale Inventory Optimization: A Recurrent-Neural-Networks-Inspired Simulation Approach”

据估计，序列模型这种方法，可以使库存管理模型计算的效率提升上千倍，也足以应对更多“大规模库存”问题。当然，其中涉及更复杂的技术细节，比如在图 4-19 中间一行的框中其实隐藏着非常复杂的网络结构。需要强调的是，将库存管理模型与序列模型联系在一起是非常好的实践，如今随着生成式 AI 的发展，序列模型的形态也更多样化，譬如我们在前文介绍的注意力机制，应该能够对库存管理模型的构建带来更好的效果。而我们也期待着，未来有更多有效的生成式 AI 模型应用到库存管理的过程中来。

总之，随着人工智能在供应链领域的应用加速，供应链管理中的诸多复杂问题（例如需求预测、库存管理）可以由生成式 AI 提供解决思路和解决方案。通过需求预测，人工智能能够使供应链的各个环节互相配合，并且可以协调资源在供应链上的最优分布。在库存管理中，人工智能针对安全库存和经济订货批量等的管理，能提出及时、准确的预警和建议，并为调拨和补货等决策提供具体的建议和方案。在仓库管理中，人工智能可以协助管理者进行资源的调配，提供实时作业数据及预警。在仓库的具体作业中，人工智能可以协助进行拣选路径规划，并通过仓库机器人实现执行过程的全自动化。

供应链领域中人工智能的应用已经十分广泛，虽然应对复杂情况的能力仍然在探索中，但可以相信的是，利用生成式 AI，一定能协同管理价格、库存、仓储、配送等供应链的多个领域，从而实现更加优化的资源配置。抛开供应链相关数据的整合和打通等问题，生成式 AI 的崛起必然会给供应链领域带来飞跃。可以想象到的是，基于决策式 AI 的预测和判断能力，由生成式 AI 通过学习和模拟提出建议或方案，最终由管理者做出决策的模式，在不久的将来便会实现。这才是供应链管理者所期待的。

市场营销：营销文案不再发愁

在人工智能时代，企业在和客户的交互过程中会积累大量的数据，企业的决策在很大程度上是靠数据驱动的。对于市场营销这个高度依靠数据驱动的专业，人工智能技术天然与其契合。例如，当我们打开手机浏览网页或视频时，系统会很精准地推送一些我们感兴趣的文章、视频或直播；当我们浏览购物网站时，我们想要的或者感兴趣的产品似乎与我们“心有灵犀一点通”，统统展现在我们面前，等待着我们拥有它们；如此等等。这就是人工智能的魅力，用决策式AI来锁定精准人群，为用户匹配个性化的产品以及内容已经成为营销领域的标配。

随着生成式AI技术的突破，它在市场营销中的应用日益广泛，必将给营销活动带来更多的应用场景。例如，生成式AI凭借其强大的生成能力可以创作营销活动需要的创意素材。然而，生成式AI的价值远不止生成内容，品牌可通过多模态内容生产效率的提升，全面深入营销全链路，在客户购物的不同阶段，生成不同内容激发其兴趣，加深客户对品牌的认知。

例如，最近火爆出圈的文心一言等工具可以在和潜在客户聊天的过程中，通过推荐商品或内容引起他们的注意；对于已经购买的客户，文心一言可以变身为客服人员，个性化地陪伴他们，让他们花更多时间了解品牌，从而帮助品牌更深地融入客户心智，提高后续的转化和复购率。通过助力品牌对客户全生命周期的管理，生成式 AI 也由浅至深地渗透到品牌的日常营销活动中。下面我们就从营销方案、营销文案和图片、营销沟通这三个方面展开介绍，来理解生成式 AI 是如何帮助企业在营销活动中提升效率，为客户提供个性化服务的。

营销方案

一般来说，企业的营销数据并未在内部完全打通，所以目前的人工智能很难做到自动生成企业整体的营销策略，但在具体的营销细分场景中，人工智能自动生成一个可执行的方案还是完全可以的。这样的细分场景也十分常见，例如广告投放。事实上，目前的广告投放系统已经大量采用基于机器学习的决策式 AI 自动优化广告效果，并且决策式 AI 已逐步取代了原本属于广告优化师的工作。所以，说决策式 AI 已经是广告投放的基础设施，一点也不为过。

但是，随着 AIGC 在各行各业开始应用，我们不仅希望通过人工智能来优化广告投放的效果，更希望广告的投放方案就是 AI 生成的。你可以向 AI 输入预算、投放目标、目标人群、合作媒体、要传播的信息等条件，就像提供 AI 作画的提示词一样，然后生成式 AI 就能自动输出一个最优的投放方案。

沿着这样的思路，我们同样可以将决策式 AI 和生成式 AI 结合起来，而这样也很有可能将数字广告的投放推向一个革命性的新时代。数字广告（尤其是效果类型的广告）的条件和参数，都是非常结构化的，产生的营销结果确定性强且能够实时反馈。所以，基于 AI 的决策和优化能力可以发挥显著作用：一方面，决策式 AI 能够实时调优投放的执行；另一方面，在广告投放前利用生成式 AI 制订的方案，也能够根据广告投放的实际效果自动加以优化。通过这样的方法，AI 最终选定的方案，可能比营销人员构思出来的更加“不明觉厉”，实际效果可能更好！就像 Diffusion 模型会生成一些普通人看来匪夷所思的画作，但很多专业画家都会从中寻找灵感。

下面，我们来看一个国外的案例：全球领先的营销 SaaS（软件运营服务）公司 Adobe 会利用人工智能优化营销预算分配和场景规划产品，人工智能会通过一系列复杂的机器学习算法，将营销评估与规划结合起来。使用者在人工智能的帮助下，可以将跨渠道数据分析的时间从数月缩短至数周，从而更有效地为营销活动服务。具体来说，该产品可以生成最优化的营销预算分配方案，以最大程度地提高投资回报率并实现既定的收入目标；还可以了解客户在不同渠道和时间的行为，然后优化他们在整个客户旅程中的体验。这样生成的人工智能营销方案曾帮助众多企业实现丰厚的投资回报。

在国内，蓝色光标旗下的销博特推出了 2022 元创版本智能策划模块，该版本主要聚焦营销策划场景的多人协同创作。通常，营销团队发起一场营销策划需要多种角色的人才组成专业小组，经过草案规划、数据分析、头脑风暴、媒体规划等多轮沟通交流，历时数周才能完成。而若使用销博特此次发布的智能策划模块，用户可以在该功能模块中填写简报，而后发起一个营销策划项目，由人工智能在 30 分钟内生成一个策划方案。然后用户可以邀请团队成员加入，查看已经创建好的策划方案，加入的成员可以一起参与讨论，提出自己的想法和修改意见。这样的产品极大地方便了营销策划的过程，最终将策划方案形成的时间缩短到 2~3 天。

营销文案和图片

令营销人最痛苦的可能就是如何产生好的创意并低成本地去实现它，难怪有营销专家说，早期自己提升写营销文案水平的基本功就是靠收集几万个创意，然后背文案。而现在，营销人员可以用 AIGC 工具快速生成文案和图片，然后从中挑选，这样极大地提高了工作效率。

前文提到的 Stable Diffusion、Midjourney、DALL · E 2 等爆款图片生成工具，都展现出惊人的图片创作能力，而 ChatGPT、GPT-4 和文心一言等工具在文案生成方面也各有千秋。除了和上述工具相关的公司，其他新兴公司也在人工智能生成营销内容方向积极布局和尝试。Jasper.ai 提供的核心产品正是通过生成式 AI 帮助企业和个人写营销文案等各种内容。同样，Copy.ai 也通过生成式 AI 来帮助用户在几秒钟内生成高质量的广告和营销文案。Persado 则通过使用营销文案中各种元素（如叙事、情感、描述、格式等）的不同组合来运行多个实验，以得出与每个客户对话的最佳表现信息。随着每次活动中新的数据源源不断地产生并输入模型，Persado 解决方案背后的机器学习模型的效果也不断提高。这样的个性化文案生成工具，为计算机巨头戴尔公司带来了令人欣喜的成绩：点击率平均增长 50%，转化率平均增长 46%，“添加到购物车”的比例平均提升了 77%。

在营销文案领域，Phrasee 同样是一家值得关注的公司。它可以在社交媒体、手机推送和电子邮件等多个渠道自动生成营销文案，使客户的营销信息获得更多打开、点击和转化。Phrasee 的一大特点是其人工智能生成的信息总是以品牌的声音出现，从而与受众产生良好的共鸣。客户对其的反馈也很积极：英国旅游业巨头维珍假日（Virgin Holidays）表示，Phrasee 的人工智能使他们的电子邮件收入增加了数百万英镑；达美乐比萨的一位负责人也表示，在使用 Phrasee 后，他们的电子邮件效果有显著提升。美国药品连锁超市沃尔格林（Walgreens）甚至利用 Phrasee 人工智能生成的内容去和顾客增进互动，提升其新冠疫苗接种率。

下面，我们把视角转到生成式 AI 在营销图片中的应用案例上。德国电商巨头 Zalando 连接了大量的品牌和客户，其营销部门会帮助平台上的品牌以数据驱动的方式开展更有效的营销活动。在生成创意营销图片方面，Zalando 的研究人员为其合作品牌提供了一种十分前沿的解决方案：客户可以将指定模特的服装颜色或身体姿势转移到不同的模特身上。通过这样的生成式 AI 方案，品牌可以更加快速地制造营销图片，避免许多重复劳动（图 4–20）。

图 4–20　将衣服颜色和模特姿态（第一行）迁移到目标风衣上（第二行）

图片来源：Gökhan Yildirim，et al,“Generating High-Resolution Fashion Model Images Wearing Custom Outfits”

我们再来看一下 Adobe 近期推出的名为“萤火虫”（Firefly）的创意生成式 AI。通过 Firefly,Adobe 可以把 AIGC 驱动的“创意元素”直接带入用户的工作流，提高创作者的生产力。在这款产品中，用户可以用“橡皮擦工具”擦掉模特身上的衣服，并输入“红夹克”（A red jack）这样的文字描述，瞬间就能给模特换上“红夹克”。并且，这款生成式 AI 工具还能调整模特脸部的细节，包括年龄、笑容和睁眼幅度等。我们期待 Adobe 公司尽快把这款酷炫的生成式 AI 工具融入其旗下一系列产品，这会极大地提高营销人员创作图片的效率。

在国内，腾讯自研的深度学习大模型——腾讯广告混元 AI 大模型就是广告系统理解内容的核心引擎。腾讯广告混元 AI 大模型，具有千亿参数，能够准确理解文字和图像中蕴含的各种信息。它甚至可以把文字、图像、视频作为一个整体来理解，这样不仅对广告的理解更准确，也更符合用户对广告的整体感受。我们平时使用网站或者手机的时候，总能看到一些广告内容，这些广告背后的“推荐人”可能就是混元 AI 大模型。混元 AI 大模型的多模态理解能力可以精准地将广告推荐给合适的人群，提高用户体验以及广告效果。除了理解已有的广告内容，混元 AI 大模型还有文字、图像和视频综合生成能力，可以大幅度提升营销内容制作的效率。其中，“图生视频”功能可以将静态的图片自动生成不同样式的视频广告；“文案助手”功能可以为广告自动生成更恰当的标题，从而提升广告的效果；而使用“文生视频”功能，未来只需要提供一句广告文案，就可以自动生成与之匹配的视频广告。这样的生成式 AI 大模型，已经将营销文案和图片的创作工作大大简化，制作成本也显著降低。

营销沟通

营销沟通是指企业或营销人员通过一定的媒介，将企业和商品信息、思想和情感传递给消费者的过程，主要有广告、公共关系、销售推广、个人推销和直销等方式。下面，我们主要分析两种具体的营销沟通方式：电话外呼和直播带货。

电话外呼是一种常见的营销方式，旨在帮助企业通过实时拨打电话来实现销售目标。其优势在于能够快速、有效地与客户沟通，传播企业或商品的信息，形成良好的口碑，从而实现企业的销售目标。例如，在教育行业，当新课程发布时，外呼系统可帮助企业自动执行外呼任务或者使用外呼机器人触达，将有意向的学员客户打来的电话转到人工接听，提升服务效率。同时，系统将有意向的客户录入 CRM（客户关系管理）系统，在系统中记录与客户的沟通内容，跟进计划以及确定下次跟进时间等，及时提醒销售或者客服人员进行二次电话触达。企业管理者也可实时查看销售工作情况，例如通话录音、接听率、通话时长等，这些信息可以帮助管理者更好地了解客户。

虽然在电话外呼行业，基于人工智能的外呼机器人已经获得了广泛的使用，但是传统人工智能沟通的效果似乎并不太理想。主要表现为：第一，外呼机器人无法理解复杂对话和解决复杂问题，目前可以做的就是初步筛选意向客户，因此外呼机器人还是需要配合人工一起使用；第二，训练、部署和优化外呼机器人的成本较高，通常要针对业务场景进行定制，这就需要企业评估投入产出比。

正是由于传统外呼机器人在沟通中不够智能，随着 AIGC 的发展，“更懂你”的外呼机器人应运而生。比如，为了大幅度提升智能外呼业务的效率和有效性，优化人机交互体验，人工智能服务商百应科技从三个方面探索了 AIGC 与电话外呼的结合：第一，将类似 ChatGPT 的模型纳入 AI 中控引擎，将其作为一个回答源，从而提升回答客户问题的准确率，这也能使多轮对话更加自然；第二，在任务式对话中，意图理解通常通过文本分类等方式来完成，这种方式涉及相似问题的补充和新类别的发现，可以通过类ChatGPT模型结合对话详情聚类来实现；第三，当外呼机器人主动去触达客户时，需要AI运营师配置任务流程和知识库，类ChatGPT模型可以辅助AI运营师提高工作效率，同时提升机器人的对话流畅度，优化对话体验感。相信在不久的将来，搭载了AIGC的外呼机器人会给你带来全新的通话体验。

如果说外呼机器人是营销沟通的“幕后英雄”，那么虚拟主播已经走向前台来展现无尽的风采。虚拟主播是指使用虚拟形象活跃在视频网站上的主播。在我国，虚拟主播普遍被称为“虚拟UP主”（virtual uploader）。虚拟主播可为观众提供24小时不间断的货品推荐介绍以及在线服务，发挥其成本低、效率高、“任劳任怨”的特有优势，为商户直播降低门槛。除此之外，虚拟主播还不存在“人设崩塌”的情况，虚拟主播的人设和言行等都由品牌方掌握，比真人可控，安全性也更强。

2022年“双十一”期间，各大电商平台直播间里都出现了虚拟人的“身影”，越来越多的品牌商家开始选择虚拟人主播。每到半夜时分，在各大美妆品牌旗舰店的直播间，几乎都能看到虚拟主播的“身影”。例如，京东美妆虚拟主播现身欧莱雅、玉兰油、圣罗兰等20多个美妆大牌直播间，24小时不间断直播，以专业的美妆知识和讲解技能在直播间为消费者答疑解惑，提供高效、精准的选购体验。

你可能听过由魔珐科技打造的虚拟偶像翎Ling，“有光”虚拟直播就是魔珐科技推出的一款产品。该产品的消费版虚拟直播产品仅需1个摄像头和1台笔记本即可实现虚拟直播，大大降低了企业的成本。该产品可以为品牌生成品牌主题的3D虚拟直播间场景，实现高精度全风格3D虚拟形象、直播间弹幕礼物互动3D玩法，并结合品牌需求对角色姿态、表情包、动作库、才艺技能等给出定制方案。

虚拟主播的背后离不开先进的生成式AI技术，魔珐科技的主要技术包括：智能建模和智能绑定技术、智能表演动画和变声技术、基于文本的动画和语音生成技术、预制动画和实时动画拼接技术、实时解算和渲染技术等。在这些技术的支撑下，原创虚拟人妲己做客珂拉琪（Colorkey）直播间就是依托“有光”消费版虚拟直播产品实现的。在直播间的画面中，妲己换上了一头酷炫紫发、形象逼真，招牌的狐狸耳朵可爱动人。妲己介绍起产品来也有模有样，对各种口红色号了如指掌，与一旁的真人主播搭配协调，毫无违和感。

总之，随着人工智能的发展，生成式AI已经成为一个热门话题。在营销活动的各个环节，如营销方案、营销文案、营销图片、营销沟通等方面，生成式AI都能发挥重要作用。配合决策式AI锁定精准客群并拥有个性化推荐的“超能力”，生成式AI既可以提升企业营销活动的投资回报率，又可以优化客户体验，在为企业提升业绩的同时打造良好的企业形象。

客户服务：贴心服务打动客户

未来几年，生成式AI的重要应用——对话AI（Conversational AI）的商业化模式是清晰且可行的，它将在各个场景中逐渐替代人工客服。原因有两点：第一，全球主要经济体人口增长乏力，劳动力数量减少导致用工成本上升，各行业有强烈的使用智能客服机器人替代人工客服的需求；第二，智能客服机器人相比人工客服可以创造更多价值，例如，智能客服机器人可以完成更多人工客服无法胜任的工作且效率更高，同时在解决一些问题的时候错误率也较低。从行业角度来看，零售业、金融业和电信服务业等行业的客服需要密集的劳动力支撑，因此，这些行业的客服可能成为生成式AI进行人力资源替代的主要领域。下面，我们从客服领域的三个方面来看生成式AI如何给客服领域带来全新的价值和体验。

更有效的沟通

随着生活方式和行为模式的改变，消费者对服务的期待日益增长，服务模式也越来越个性化。近些年来，越来越多的企业投入建设客服中心，我国客服中心座席规模逐年增长，保持年复合增长率17%的增长态势，2020年已突破300万个。随着座席规模的逐年增长，企业的用人成本也逐年攀升，企业既要保证客服满意度，又要控制相应的成本，因而对客服降本增效的需求日益强烈。

传统客服工作强度大，时常加班、值班及轮岗，客服工作内容枯燥无趣，机械性重复工作居多，费时耗力，客户的投诉及刁难造成客服人员负面情绪积压等原因，导致客服人员流失率高，从而造成企业招新和培训等成本变高。此外，对于客服中心而言，招聘难、员工工作效率低、高峰期需求波动大、质检绩效管理耗时费力等，导致运营管理难度增加。这使得企业一方面无法满足客户需求，另一方面也无法深挖客服数据的价值，长此以往必然导致客源流失，业务增长乏力。

以上我们简要总结了传统客服的痛点，这也是智能客服所面临的机遇。伴随人工智能尤其是生成式AI的发展，智能客服有望解决客服中心运营管理的难题，实现客服中心真正意义上的数字化、智能化运营。

如今，生成式AI正在从各个方面改变我们的内容生态。对于交互式对话来说，生成式AI模型诸如ChatGPT的对话能力已经得到体现，可以在实际应用中承担客服人员的角色。但是，智能客服作为在一线服务客户的商业产品，需要在明确业务目标和服务目标的指导下，结合专业知识和业务逻辑来进行服务。换句话说，智能客服需要为客户提供准确可靠的解答，最终解决实际问题。目前，ChatGPT针对客服场景生成的响应还不够准确，如果要在智能客服场景中使用它，就需要结合具体的业务场景对ChatGPT模型进行微调，通过对其响应的审核和修正，不断训练以提高模型的专业能力。

创立于旧金山的客服自动化公司Intercom在这方面颇有经验。超过25 000家企业的客服团队使用Intercom的解决方案，使用AI为客服赋能一直是Intercom追求的目标。在ChatGPT发布后不久，Intercom就迅速为其产品推出了一系列的人工智能功能，期望应用生成式AI来帮客户提高效率。但应用效果显然没有达到预期，对于一些客户的问题，ChatGPT经常会因为找不到答案而进行编造，这是不能容忍的。

最近，OpenAI发布的GPT-4上述问题显著减少，因此，Intercom迅速基于此构建了一个人工智能驱动的客服机器人Fin，它具有GPT-4的诸多优点，并且更加适合客服场景的业务需求。Fin的设计理念如下：第一，使用GPT技术进行自然交谈；第二，使用受企业控制的信息回答有关的业务问题；第三，将不准确的回答减少到可接受的水平；第四，尽可能地减少人工参与。

Fin基于最前沿的AI对话能力，与现有客服机器人相比，可以更自然地进行客服对话。它甚至可以理解跨越多个对话轮次的客服对话，让客户收到回答后提出后续问题并获得额外的说明。对于客服场景而言，信任和可靠性至关重要，Intercom 扩展了 GPT-4 的功能，使其具有专为客服场景量身定制的功能和保护措施。例如，Fin 仅根据企业现有内容提供答案，从而提高准确性和可信度。另外，Intercom 为 Fin 设计了一个新的用户界面来进一步减少不准确性，以保持高可信度——当给出答案时，它会链接到其来源文章，让客户验证来源是否相关，同时减少机器人发生小错误时带来的影响（图 4-21）。

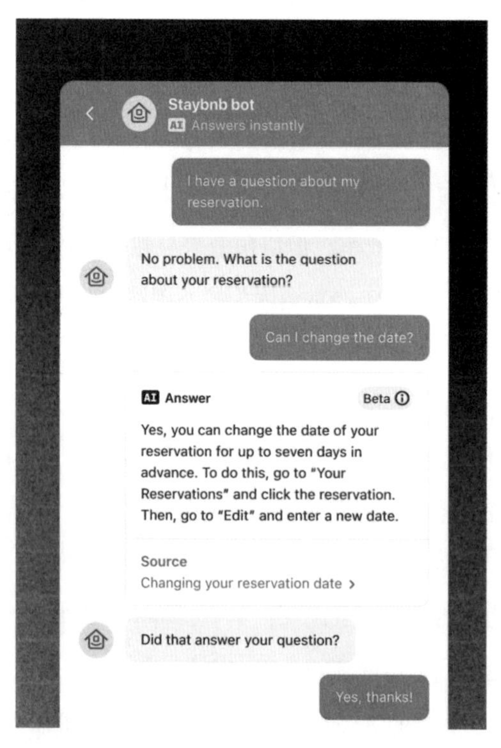

图 4-21　当 Fin 给出答案时，它会链接到其来源文章，让客户验证来源是否相关

图片来源：https://www.intercom.com/blog/announcing-intercoms-new-ai-chatbot

即使再智能，聊天机器人也无法保证能够回答客户所有的问题。在回答不了的情况下，它可以将问题无缝转给人类支持团队（图4-22）。

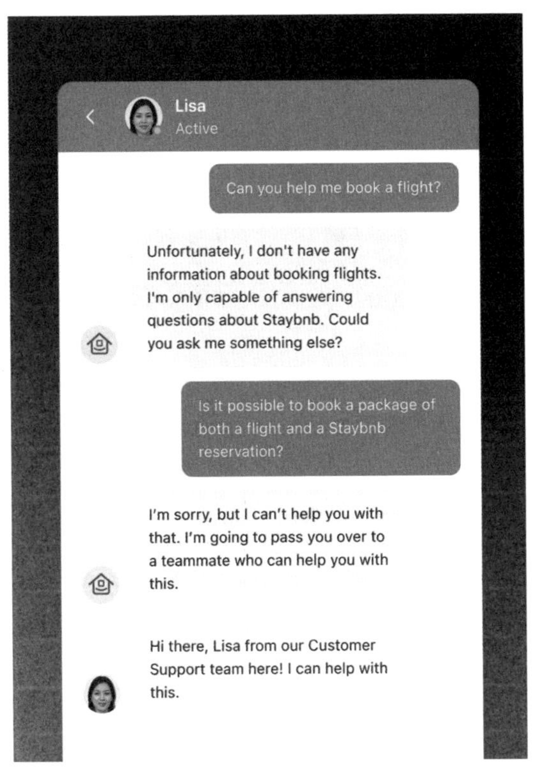

图4-22 Fin如果无法回答问题，可以将问题无缝转给客服人员

图片来源：https://www.intercom.com/blog/announcing-intercoms-new-ai-chatbot

根据Intercom的设计，Fin仅使用企业已经创建的帮助内容来回答问题，以避免出现不准确或意料之外的回答，这使企业可以高度控

制 Fin 所说的内容。如果有人问了一个企业知识库尚未涵盖的问题，它会说它不知道答案（图 4–23），这是一个重要的功能。其他很多 GPT 机器人的答案会使用大量来自网络的信息，但客服领域的经验表明，限制机器人可以使用的信息能够从根本上提高其可预测性和可信度。此外，Fin 还可以选择从已有内容上生成不同等级的“创造性”回答（分为高中低三档），这样不同的企业可以根据自身的特点和需求做出恰当的取舍。

图 4–23　Fin 拒绝回答领域外的问题

图片来源：https://www.intercom.com/blog/announcing-intercoms-new-ai-chatbot

尽管前景光明，Intercom 对 Fin 存在的问题也直言不讳：第一，不同行业对客服准确率的要求有所不同，对许多行业而言，Fin 的响应已经足够准确，但对某些要求严格的行业而言，Fin 的准确率仍须提升；第二，目前 GPT–4 模型的使用费用不菲（未来有望显著降低）；第三，GPT-4 模型的响应时间有时高达 10 多秒（随着技术的发展，响应时间会逐渐降低）。总的来说，虽然在现阶段 Fin 并不完美，但它现在已经为应对许多企业客服中心的挑战做好了准备。

知识库管理

知识文章（knowledge articles）可以解决客户在使用企业的产品或服务时遇到的问题，知识文章的类型包括常见问题的解决方案、产品简介、产品或功能文档等。企业的所有知识文章构成了知识库（knowledge base），知识库是一个自助式的客户服务库，客户可以从中找到答案，以便他们自己解决问题。同时，知识库也为智能客服注入灵魂，良好的知识结构、精准的知识内容，配合合理的对话流程能确保智能客服的对话质量，让对话更流畅。

随着生成式 AI 的发展，我们可以通过 GPT 模型，从大量的客服对话记录、聊天记录和客户信息中，生成知识文章。这样可以加快客服问题的解决速度，并将更多客服通话转变为自助服务。客户关系管理软件服务提供商 Salesforce 在 2023 年 3 月推出了基于生成式 AI 的客户关系管理产品 Einstein GPT，这款产品可以通过过去的客服记录生成知识文章，总结 FAQ（常见问题）。它还可以在每次营销和客服交互中批量地提供 AI 创建的内容，例如自动生成个性化的客服聊天回复。由此，通过个性化和快速的服务交互，Einstein GPT 可以极大地提高客户满意度。

企业知识库日益扩充，如果不能有效地管理，会成为企业包括客服中心发展的瓶颈。百度大脑的“智能知识库”就是利用 AI 管理企业知识库的一个解决方案，提供客服场景统一、便捷的知识管理和应用服务，借助底层的 AI 能力，帮助企业解决在知识生产、管理和应用等环节中的问题，在业务发展过程中快速沉淀知识，并有效利用知识解决问题。如图 4-24，该方案可以接收多源异构数据的输入，通过一系列的人工智能模型将其加工成业务场景下使用的文档、FAQ、视频、图片等不同形式的知识内容。具体来说，其“全流程生产后台”包括智能采编、知识加工、智能审核和知识运营这几个环节，“个性化知识门户”有知识浏览和知识检索功能。在客服中心的日常应用中，该方案支持座席软件，可直接调用实时获取答案，并能够查看面向座席和用户的不同内容。该知识库的智能化采编、加工、运营能力，使得知识的生产流程效率极大提高。

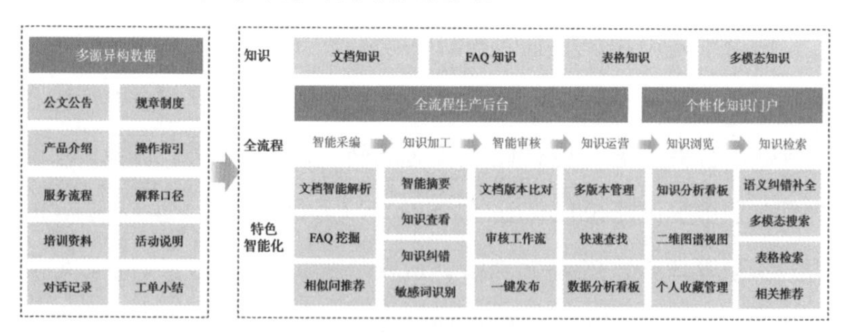

图 4-24　百度大脑的“智能知识库”解决方案

图片来源：https://ai.baidu.com/solution/cskb

客服质检

客服质检作为客户服务工作中的一环，对企业来说是非常重要的，它是综合服务质量评价和提升的重要途径。客服质检既是检验客服漏洞、测评客服质量的重要工具，也是推动客服进步、完善客服流程的重要手段。客服质检的目的是帮助客服人员改善服务质量，从而提升企业的综合服务能力。通过数据分析，我们可以找到客服人员的能力缺失和客服中心的服务漏洞，及时处理和整改，提高客服中心的服务水平，这才是客服质检的真正价值所在。

客服质检中一般需要对客服人员进行打分，然而，除此之外还有很多事情可以做。质检掌握着客服中心最核心的资源——录音。根据大量的通话录音，质检员最能够挖掘到客户不满意背后的真正需求是什么，公司应该如何积极响应才能够满足客户的需求，目前客户的需求没有被满足，说明公司在有些方面的工作需要提升。如果能有效地回答这些问题，必将为公司的决策提供极具价值的依据。

传统意义上，客服中心的质检是完全依赖人工的。具体来说，一般的客服中心都会分配专门的质检人员，而那些规模较小的客服中心由于客服人数较少，有时也会直接由管理人员来承担质检人员的职责。他们会对客服人员的历史通话录音进行抽样检测，也会在座席现场或通话系统中以旁听的方式进行即席抽测。

传统的质检方式在客服中心已经沿用多年，质检人员会根据质检的结果对产生问题的客服人员按照规定进行惩处或者提供针对性的培训辅导。但是，这样的质检方式一直有个令人头疼的问题得不到解决：质检抽样数量少则结果不具有代表性，而抽样数量大则质检的工作量也随之上升，对于人员众多、通话量巨大的大型客服中心来说工作负担很重。即使是小型客服中心，由于它们一般没有配备专门的质检人员，质检责任都压在管理人员身上，在繁杂工作的压力下，这些管理人员也很难保证足量的抽样质检。

传统的质检方式存在以上问题，人工智能的兴起给客服中心提供了一个解决方案：通过在客服中心引入人工智能来解决客服质检问题，人工智能“不知疲倦”的特点让它可以不分昼夜地对所有通话录音进行质检，这样避免了抽样检测带来的问题；另外，人工智能也能做到“铁面无私”，这样就避免了人工质检过程中的主观性和不确定性。

目前已经投入商业化运行的智能质检系统，有三大功能显著地完善了质检工作流程，提升了客服中心的通话质检效率：第一是语音转写，指的是智能质检系统可以通过语音识别技术，将通话录音转写为文字，方便快速浏览和查阅，质检人员不再像以前那样需要听录音才能进行评判；第二是关键词检测，指的是智能质检系统能够快速识别对话中出现的敏感词、违禁词等关键词，并向管理人员发出提示，这种全时段无间歇的检测方式显然要比传统的抽查靠谱很多；第三是情绪识别，指的是智能质检系统能够通过分析客服人员的语气、语速、语调等信息，实现对客服人员情绪波动的判断。

除了上述功能，生成式AI还能捕捉对话中细微的语义信息——这也许是生成式 AI 对客服质检更大的价值所在。举个例子，前文中提到的基于 Transformer 的 seq2seq 模型可以用来检测客服对话中存在的问题。通过编码器和解码器的共同作用，图 4–25 中客户和客服人员的对话可以解析成一个包含“产品无法启动”“客户情绪激动”“客服表现不耐烦”这些语义标签的输出序列。可以想象，通过这样的信息对客服人员进行质检，能够全方位地解放人工，提升工

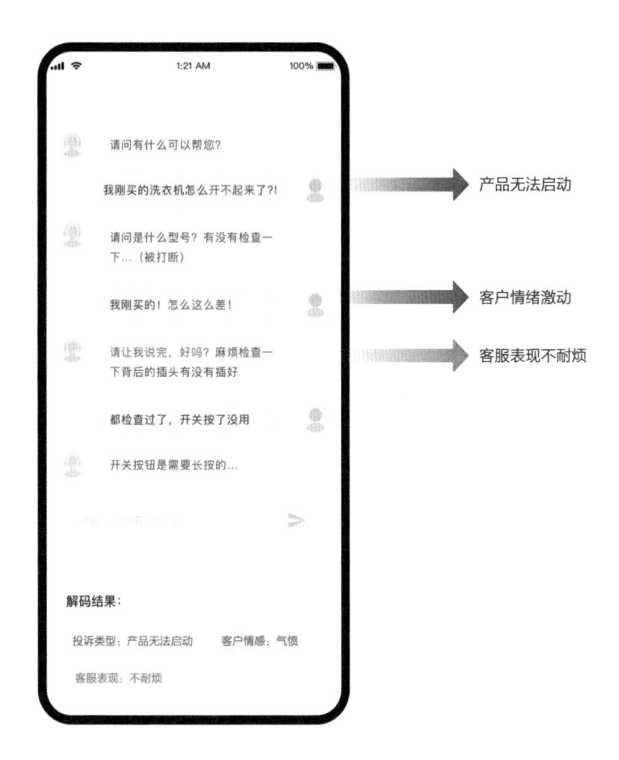

图 4–25　AI 客服质检样例

作效率，最终也会给客服中心带来显著的优势：第一，AI 质检能够全量覆盖，无漏检的现象；第二，AI 质检能够实时或近实时质检通话录音，能及时发现客服人员的问题并进行调整和优化；第三，AI 质检具有统一的标准且成本低，除了质量控制，还能体现实时的业务分析价值。如此一来，传统上令客服中心管理人员头疼的质检问题也能迎刃而解。

本节我们讨论了生成式 AI 赋能客服领域的三个重要方面。第一，类 ChatGPT 的智能客服对话：生成式 AI 模型从根本上提升了多轮对话的精度，这是能称其为“智能”客服的决定性因素。第二，智能知识库管理：业务知识是智能客服的基础，AI 帮助高效地生产、管理和应用知识内容，是确保客服对话质量的基本保障。第三，智能客服质检：通过质检驱动客服中心的整体质量不断迭代和优化，这对智能客服本身价值的发挥也起到了重要作用。通过这三个方面的不断升级和完善，基于生成式 AI 的智能客服在实际业务场景的服务过程中逐渐习得像人一样的多轮对话能力，为客户带来更佳体验，企业也能从中受益。

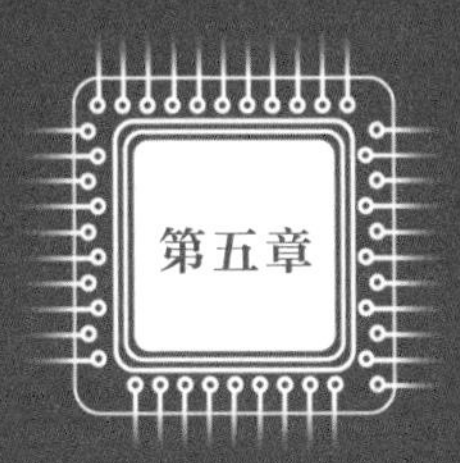

主动还是被动？决胜 AIGC

任何一项技术的出现都是有利有弊的，在生成式 AI 发展得如火如荼的同时，关于它是否会取代某些工作岗位的讨论也甚嚣尘上，引发了 AI 焦虑。本章我们会探讨 AIGC 的优势和瓶颈，并尝试回应 AIGC 是否会取代大量的工作岗位，以及我们应该如何主动应对。随着人工智能技术的更迭和发展，部分人的工作在所难免会受到影响，但我们更需要着眼于人工智能长远的发展方向和现实意义，过度担忧和唱衰其实并不可取，如何运用好 AI 这个强大的工具，将它作为助手，充分发挥它的工具优势，与它和谐相处，才应该是我们的切实关注。

展望未来：AIGC是否是新一轮的技术革命？

前面，我们已经介绍了AIGC的底层逻辑和应用场景，那么，在未来，AIGC将给人类社会带来怎样的根本性改变？它所指向的又是一个怎样的智能时代？那些存在于科幻小说中的情节离我们还有多远？透过AIGC，我们似乎已经可以想象到那样一个世界：在这个世界里，AI为人类的智慧和创造力提供了一个巨大的力量倍增器，所有人都可以获得任何认知方面的帮助，人工智能可以拥有像人类一样的甚至超过人类的智慧。

也有很多人对此表示担忧，认为人工智能可能会因为“太智能”给人类带来难以预料的灾难，特别是GPT-4发布后。GPT-4在某些方面的智能程度几乎可以用“恐怖”来形容。2023年3月，全球科技领军人物马斯克就联名众多硅谷企业家和科学家呼吁：所有实验室立即暂停比GPT-4更强大的人工智能系统的训练，时间至少持续6个月。在此期间，人工智能行业应该制定人工智能设计和开发的安全协议，从而建立更加公开、可解释和稳定的人工智能行业体系。

人工智能就是一把双刃剑，未来，人类与AI如何共存，世界又会发生怎样翻天覆地的变化，我们拭目以待。

AGI

近年来，人工智能解决方案在自然语言处理、视觉识别，文本、图片和视频生成等关键领域取得了令人难以置信的进步。而现在，人工智能正试图在匹配人类智能方面取得巨大飞跃，从只能适配特定领域的“弱人工智能”，向着更具通用性也可以说更强大的人工智能——AGI（artificial general intelligence，通用人工智能）前进。AGI无疑会成为下一个迅速发展的方向。

AGI也可称为“强人工智能”（strong AI），指的是具备与人类同等智慧或超越人类智慧的人工智能，能表现出正常人类的所有智能行为。相较而言，我们现在和过去的所有人工智能都还属于“弱人工智能”或“窄人工智能”，虽然针对某一特定问题的解决能力可以很强，甚至超越人类，但很难解决其他问题。比如，我们教会机器识别人脸，但这一能力以及习得这一能力的过程和基本方法，对帮助它控制身体平衡和导航没什么帮助。

2013年，谷歌旗下公司DeepMind发表了第一版的DQN（deep Q-network）模型，第一次将深度学习和强化学习结合，开启了AGI的实现之旅。而后，DeepMind和OpenAI这两家瞄准AGI的公司推出了一系列亮眼的成果：2016 年 DeepMind 的 AlphaGo 打败世界围棋冠军，2019 年 AlphaStar 在游戏《星际争霸 2》中战胜职业选手；2019 年 OpenAI 发布 GPT-2，2020 年发布 GPT-3，以及之后的 ChatGPT 和 GPT-4。未来，人工智能若要达到 AGI 的水平，还需具备更加强大的能力，例如：存在不确定性因素时进行推理和制定决策的能力；知识表示的能力，包括常识性知识的表示能力；规划、学习以及使用自然语言进行沟通的能力；将上述能力整合起来实现既定目标的能力。

可以想象，AGI 将会是人工智能研究领域的下一个重要飞跃。AGI 的出现将推动社会产生极具颠覆性的发展，不仅给垂直领域的所有行业带来深刻影响，还会给我们的生活和工作方式带来巨大的改变。在当今人工智能技术快速扩张的时代，每一次新技术的进展都可能潜藏着巨大的机遇，如果企业和个人能够尽早识别、理解这些新技术、新工具，将其更好地为自己所用，就更有可能从激烈的市场竞争中脱颖而出，快速赢得新的市场和空间。

从 AIGC 走向 AGI

ChatGPT 的“横空出世”让普罗大众对人工智能的突破有了新的认识，人们第一次看到人工智能系统能够完成各种各样的事情，不论是需要常识的闲聊，还是需要专业知识的论文写作，甚至写代码都不在话下。ChatGPT 出现后，人们开始期待，它就是工业革命中的那台蒸汽机，轰鸣着开启 AGI 的时代。

可以说，目前的自然语言处理技术和大型语言模型确实展现出了一些 AGI 的影子，但距离真正的 AGI 还很远。因为 ChatGPT 等模型虽然已经具有智能对话、语言翻译、文本生成等实用功能，但它们仍然缺乏某些关键的特征和能力，例如跨模态感知、多任务协作、情感理解等，这些能力的缺乏导致了我们目前看到的 ChatGPT 在回答中尚有生硬之处，比如有时它的回答看似合理，却是错误或荒谬的，有时人们调整问题措辞后，会获得不同的答案，无法拒绝不合理及不道德的请求，等等。

作为人工智能领域的一个中长期目标，AGI 技术要不仅能够执行特定任务，而且能够像人类一样通盘理解和处理各种不同的信息，这样才能成为具有与人类类似或超越人类智能的计算机程序。虽然 ChatGPT 等模型在自然语言处理方面取得了一些进展，但仍然需要进一步研究和发展，才能逐步向着 AGI 的方向发展。以下是一些可能的研究方向。

第一，跨模态感知。我们将平时接触到的每一个信息来源域称为一个模态，这些来源可以是文字、声音、图像、味觉、触觉等等。随着信息技术和传感器技术的发展，模态的范畴也变得更广：互联网上的文本，深度相机收集的点云等信息，都可以看作不同形式的模态。跨模态感知涉及两个或多个感官的信息交互，比如最基本的图像检索，就是一种从文本到图像的感官转换。反过来，从图像到语音的转换，可以帮助有视觉感官缺陷的人们，强化感知环境的能力。人类天然具有跨模态感知能力，能够对来自多种感官的信息进行整合和理解。而当前绝大部分的人工智能系统只能单独运用其中的一项作为传感器来感知世界，对于不同的模态，需要设计不同的专有模型。例如，根据文本生成图像的模型，采用的是将文本和图像进行联合编码的专有模型，这种模型无法适配声音生成等其他任务。各种模型之间无法真正打通是走向 AGI 的一大痛点。因此，研究如何让人工智能系统实现跨模态感知非常关键。

第二，多任务协作。人类能够同时处理多个任务，并在不同任务之间进行协调和转换。当人们面对机器人时，一句简单的吩咐，比如“请帮我热一下午餐”“请帮我把遥控器拿过来”等等，这些指令听上去简单，执行时却包含了理解指令、分解任务、规划路线、识别物体等一系列动作，针对每一个细分的动作都有专门的系统或者模型的设计。这就要求机器人有多任务协作的能力。因此，多任务协作是 AGI 最重要的研究方向之一，旨在研究如何让人工智能系统具有多任务协作能力，包括任务规划、任务选择和任务转换等，让“通用性”体现为不仅能够同时完成多种任务，还能够快速适应与其训练情况不同的新任务。

第三，自我学习和适应。人类具有学习和适应能力，能够通过不断的学习和经验积累来提高自己的能力。因此，研究如何让人工智能系统具有自我学习和适应能力也是实现 AGI 的必要步骤。其中主要包括增量学习、迁移学习和领域自适应三个方向。增量学习就像人每天不断学习和接收新的知识，并且对已经学习到的知识不会遗忘，增量学习是指一个学习系统能不断地从新样本中学习新的知识，并能保存大部分以前已经学习到的知识，它解决的是深度学习中“灾难性遗忘”的问题：在新任务的数据集上训练，往往会使模型在旧数据集上的性能大幅度下降。

迁移学习是人类的一种很常见的能力，例如，我们可能会发现学习识别苹果可能有助于识别梨，或者学习弹奏电子琴可能有助于学习弹钢琴。在机器学习中，我们可以把为任务 A 开发的模型作为初始点，重新使用在为任务 B 开发模型的过程中，即通过从已学习的相关任务中转移知识来改进学习的新任务。迁移学习的核心是找到并合理利用源领域和目标领域之间的相似性。在日常生活中，这种相似性是非常普遍的，例如，不同人的身体构造是相似的，不同产品的瓶身造型是相似的，不同品牌手机的唤醒方式是相似的。我们可以将这种相似性理解为不变量。以不变应万变，才能立于不败之地。

领域自适应可以看成迁移学习的一种，旨在利用源领域中标注好的数据，学习一个精确的模型，运用到无标注或只有少量标注的目标领域中。它要解决的核心问题是源领域和目标领域数据的联合概率分布不匹配。比如，我们利用来自国内的汽车照片数据完成了模型的训练，这个模型已经能在这些汽车照片的分类任务上运行得很好了，但现在要把这个模型直接运用在国外的汽车上，效果可能欠佳。这时候就需要用到“领域自适应”，以实现模型的自适应迁移。

第四，情感理解。能够理解并表达情感是人类最重要的特征，它在交流协作中甚至常常影响事件的下一步走向。图灵奖获得者马文·明斯基（Marvin Minsky）以及美国国家工程院院士罗莎琳德·皮卡德（Rosalind Picard）等科学家都认为机器必须拥有理解和表达情感的能力。当前，不少生成式对话系统的工作尚且将关注点集中在提升生成语句的语言质量，忽略了对人类情感的理解。因此，让人工智能系统理解情感，包括情感表达、情感分析和情感生成等，是实现 AGI 的一个关键方向。

第五，超级计算能力。实现 AGI 需要庞大的计算资源和超级计算能力。为了提升这一能力，人们从不同角度出发，采取多种方法不断推进：开发更高效、更可扩展的计算平台；采用分布式计算，将应用分解成许多小的部分，分配给多台计算机进行处理，节约整体计算时间，提高计算效率；采用边缘计算，在更靠近数据生成的物理位置收集并分析数据，不仅可以达到更高效的数据处理效果，而且能提供更高的安全性、隐私性和更快的数据传输速度。就像一辆汽车，人们不断升级油箱的容量、提高燃料的效率，以实现更远的行程。

这些研究方向只是众多可能方向中的几个主要分支，AGI 的真正实现还涉及众多学科和领域的交叉和融合。因此，实现 AGI 是一个复杂的过程，需要不断地进行研究和探索。

新一轮内容革命的起点

虽然 AGI 的到来仍未可知，但 ChatGPT 的出现已然被认为是一个重大的里程碑事件，有着广泛的影响力。斯坦福大学的专家认为，它在心智方面相当于 9 岁的人。在功能上，ChatGPT 可以不断完善，但在心智上是否会按照人类心智随年龄而增长的规律演化，尚未可知。如今，AIGC 在很多应用场景下都可以替代基础的脑力劳动，它的出现，将给我们的生活和生产方式带来颠覆性的变革。

我们在前文已经详细说明，AIGC 生成的文本、图片、音频、视频、代码等多样化内容，在多样性、质量、效率三个方面推动了内容生产大步前进。当前的 AIGC 在文本生成、图片生成、视频生成等方面已经达到了堪称出神入化的效果，但 AIGC 的内容革命远不仅限于此，代码、算法、规划、流程设计等众人看来并非日常生活中可触可感的内容，或许是这场内容革命中更加关键的部分。

代码生成是一个正在实践的方向。我们前文已经提到，人工智能辅助编程工具 GitHub Copilot 和 ChatGPT 都有代码生成的功能，而且其生成的代码具有一定的实用性和创造性，可以用来替代一部分初级开发工作。更进一步，人们也在努力探索如何自动生成移动应用等一系列产品。2023 年 3 月，微软宣布将 ChatGPT 的技术扩展到其 Power Platform 平台上，这将允许其用户在很少甚至不需要编写代码的情况下，就能开发自己的应用程序。也就是说，很快，只需要人们用直白的语言描述所要创作的应用功能，人工智能就可以完成创作。这将大大节省开发人员学习全新逻辑表达工具和经历烦琐开发流程的时间。

代码生成的实践已经让人叹为观止，算法、规划、流程设计的内容革命必将掀起更大的浪潮。而当前，推动内容生产向更高效率和更富创造力的方向发展，与多产业融合，已经是这场内容革命给我们现实生活带来的悄然改变。这一改变不仅能降本增效，更能促进个性化内容生成。人工智能不仅能够以优于人类的知识水平承担信息挖掘、素材调用、复刻编辑等基础性机械劳动，而且能让所有人都成为“艺术家”、“设计师”或“工程师”，可随时生成有创造力、个性化的内容，从技术层面实现以低边际成本、高效率的方式满足海量个性化需求。

我们期待通过 AIGC 与其他产业的多维互动、融合渗透孕育新业态、新模式，为各行各业创造新的商业模式，提供价值增长新动能。文本生成是 AIGC 实现商业落地最早的技术之一，然而除了文本生成，广告、动漫、影视的智能内容生成，医疗系统、科研系统、社会民生等，都将是 AIGC 实现落地的领域。到了 AGI 时代，通用智能体能够处理无限任务、自己产生并完成任务，并且具有价值系统。如此，我们将迎来生产力的又一次解放，人们摆脱了信息处理和认知能力的有限性，可以将更多的精力集中在人工智能尚不能处理的方面。

AIGC 已经带来新一轮的内容革命，将推动互联网、数字媒体乃至传统行业的全面改造和升级，以及生产力的全面变革。从当下的应用趋势而言，AIGC 作为新一轮技术革命主角之势已经逐渐显露。AGI 的走向犹未可知，AIGC 的未来值得每个人期待。正如 OpenAI 的 CEO、ChatGPT 之父山姆 · 阿尔特曼（Sam Altman）所说：“万物的智能成本无限降低，人类的生产力与创造力得到解放。”

智能并非万能：AIGC 的优势与瓶颈

AIGC 以其强大的创造能力、快速的反应能力、全面的输出能力，给人们带来震撼和冲击。基于大数据和大算力的支持，AIGC 大模型必将突破个人使用层面，从目前的写作、设计、编程、问答等业务，转向更广泛的应用场景，产生商业价值，为经济发展注入新动能，为产业变革带来新动力，助推社会生产力实现高质量跃迁。

就像一枚硬币总有两面，我们在看到 ChatGPT 在人工智能的赛道上高歌猛进时，同样也要意识到 AIGC 带来的风险和挑战。AIGC 发展迅猛，相关法律法规尚未完善，其发展面临诸如数据安全与隐私保护、著作权争议等问题。

AIGC 的优势

AIGC 的优势已经显而易见，可生成的内容十分丰富，完全不局限于文本、图片、音频、视频等数字媒体，可以广泛覆盖人类生产生活中所需的各类产品。AIGC 不仅可以进行传统文案创作或者广告、动漫、影视等数字媒体内容生成，也可以进行新产品、新流程、新方案的设计。比如在教育领域，一些教育机构会根据学生的需求和兴趣等数据，用 AIGC 工具为他们设计个性化课程，以确保教育方式更有效；在时尚领域，设计师们能借助 Khroma 以及 Colormind 等 AIGC 工具，将草图转变为彩色图片（图 5-1），并分析草图上色后的多种变体组合，使时尚品牌变得更有创意。可以预见的是，AIGC 可以覆盖人们生活的各个领域，而伴随着各类人工智能系统的开发和应用，AIGC 与人们生产生活的关系将越发紧密，以其强大的功能在各类人群的生活中扮演重要角色。

图 5-1　Khroma 根据指定颜色生成的图片

虽然 AIGC 工具可能已经在日常工作中扮演着助手的角色，比如撰写市场营销方案、编写代码等，大大地提升了工作效率，但如果认为 AIGC 的意义仅是如此，那就低估了它的能量。AIGC 工具不同于传统的人工智能工具，它实现了从决策式 AI 到生成式 AI 的转型。决策式 AI 学习的知识局限于数据本身，而生成式 AI 在总结、归纳数据的基础上可以生成数据中不存在的样本，在认识论中已经产生了逻辑。换言之，生成式 AI 有了一定的归纳与创新能力。因此，AIGC 不仅可以生成碎片化的内容，还提供了生成面向完整场景内容框架的机会，相比于决策式 AI 只能做选择题，生成式 AI 的交互性更强，通过强大的语言建模和推理能力，可以在多轮交互中以“类人”的方式交流、学习和进步，为很多场景提供更完整应用人工智能的可能性。

如图 5-2，以 AI 电话客服场景为例，决策式 AI 通常只能在每一个节点判断用户的意图，它会根据学习到的经验和预先设定的逻辑做出一个选择，从而做出反应，进行“一问一答”。传统 AI 电话客服总是显得很“笨”，回答机械生硬，内容也不够精准，交互度不够。并且 AI 电话客服的逻辑框图是人工设定的，无法根据实际情况进行及时更新，与真正的交流还有一定的差距，这显然无法满足用户需求，也无法为用户提供良好的对话体验。而生成式 AI 通过一定数量的数据训练后，可以根据场景描述和限制条件输入，直接产生类似图 5-2 的逻辑框图。在实际应用中，这样解决问题的方法也许是具有跨时代意义的，它意味着很多需要专业经验的工作可以通过生成式 AI 来完成，AI 在行业场景下的渗透更加深入，可极大地提高人们的工作效率。

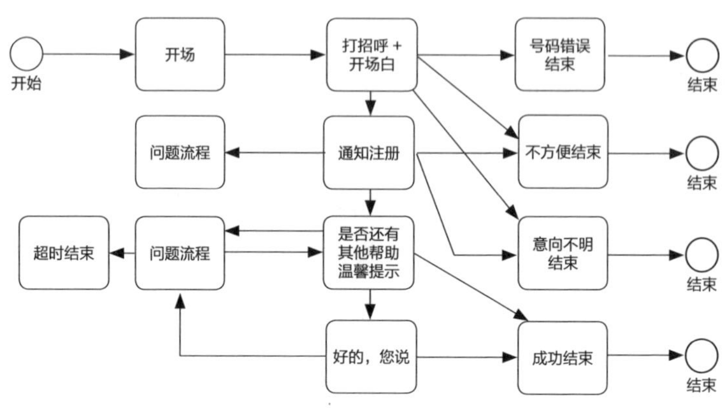

图 5-2　AI 电话客服逻辑框图

由此可见，生成式 AI 所生成的内容已不局限于一般意义上的内容，而是面向完整场景的内容框架和逻辑结构。AIGC 对这样的业务场景进行升级改造，能够真正赋能实体经济，实现生产力的极大提升。

AIGC 变革业务流程

以 ChatGPT 为代表的 AIGC 应用目前已深度参与到企业的业务流程改造工作中，将文本、图片、视频、代码等内容的自动化生成能力，与原有的企业管理系统集成与融合，能够精简和优化原本复杂的业务流程，大幅提升组织的业务运行效率。

AIGC 对业务流程的影响无疑是积极的，无论将 AIGC 用于内容撰写、智能客服、日程管理，还是用于市场营销、销售、财务、人力等业务领域，它都能够不同程度地精简或优化业务流程，缩短业务流程周期，提高业务流程效率，最终对企业和组织起到降本增效的作用。

一方面，AIGC 可以精简与优化原有的业务流程。通过分析大量数据，识别常见模式和规则，AIGC 能够生成与业务流程相契合的自动化程序，提高组织生产效率和自动化水平，实现业务流程的快速执行。原本需要多个步骤的业务流程，借助 AI 可实现流程自动化，大大减少人工干预，进而解放人力、降低成本，还可以提高业务流程的执行效率。

举一个例子，现在开发人员已经能用 ChatGPT 来编写代码了，只要开发人员给的要求和提示足够完整，它甚至可以从头到尾编写完整的代码。整个过程不需要开发人员输入任何代码，只需不断地跟它用文字交互。ChatGPT 同时还能阅读已有代码，添加注释或者纠错，如此一来便可极大地提升代码、文档的编写和审查效率。通过使用 ChatGPT，开发人员可以简化他们的工作流程，提高他们的生产力，减少开发成本、缩短开发时间，原本需要更多时间和精力来构建的应用程序也可以轻松完成。

另一方面，基于 AIGC 的新流程可以替代原有流程。有些业务流程原来完全由人力承担，如果人力不足，就只能将业务外包，在效率并未提升的情况下，成本却在逐步上升。有了可以胜任业务的 AIGC，自然就可以用这些技术去替代原来的业务流程。例如，智能客服可以用 AIGC 生成服务话术，短视频拍摄可以用 AIGC 生成简单剧本，等等。AIGC 技术的独立生成能力也很强大，只需要输入一定的提示信息，它就能独立完成大量内容的创作工作。

从实现角度而言，可以将 AIGC 工具与 ERP（企业资源计划）、RPA（机器人流程自动化）、BPA（业务流程自动化）、BI（商业智能）及低代码等工具进行集成，形成端到端的解决方案，以全局化的方式优化业务流程。比如，我们可以将 AIGC 与 ERP 系统集成，自动生成项目排期计划，或者将 ChatGPT 用于低代码平台通过对话聊天的方式自动构建流程框图等。而在这个过程中，AIGC 与这些管理系统不是并行关系，而是与整体业务流程融合在了一起。

ChatGPT 与 Salesforce 的集成案例也是变革业务流程的一个典型。通过嵌入 Salesforce 的即时通信工具，ChatGPT 可以帮助团队更高效地工作，例如在与客户的对话过程中，根据多轮对话的上下文信息，快速起草消息，或者快速找到问题答案，从各方面提升工作人员的效率，让他们能专注于更有价值的任务，以此提升团队生产力。现在已有很多软件厂商在探索其产品与生成式 AI 的集成与融合应用，比如有的低代码平台已经在教客户如何通过 API 集成 ChatGPT 了，微软也发布了 Microsoft 365 Copilot，在 Office 办公软件中加入了 GPT-4（图 5-3）。

生成式 AI 技术与各种软件系统的集成与融合，已经成为一种趋势，并且正在极大地改变与优化企业的工作模式。可以说，一家企业是否能很好地利用生成式 AI，将标志着这家企业是否能在千变万化的市场中站稳脚跟、持续保持足够的竞争力。随着搭载生成式 AI 的

图 5-3　Outlook 邮件生成功能

图片来源：https://cloudblogs.microsoft.com/dynamics365/bdm/2023/03/06/introducing-microsoft-dynamics-365-copilot-bringing-next-generation-ai-to-every-line-of-business

解决方案走入更多企业和组织，生成式 AI 也将带领它们迈入更高效的业务流程时代。

AIGC 的瓶颈

当然，AIGC 也存在发展瓶颈。AIGC 虽然发展迅速，却一直面临准确度的挑战，经常被人诟病生成的内容准确率不高、可信性不强、文本直接拼凑、没有逻辑性等，时常出现一些令人哭笑不得的错误。除了技术本身的发展限制，引入技术的成本短期内也会大幅增加，算力和维护成本也是要面对的问题。AIGC 的运行需要庞大的算力支持，技术的发展也加剧着对算力的需求，这势必产生巨大的成本，甚至需要探索计算方式的变革。此外，AIGC 的发展和应用也可能会造成人员失业问题，取代部分蓝领和白领的工作，由此带来社会大范围的焦虑和恐慌。数据安全与隐私保护、著作权争议等问题也是 AIGC 进一步发展的瓶颈。

在人工智能时代，数据被称作新一轮技术革命的“石油”，它既是最重要的资源，也是最大的隐患。AIGC 的生成能力来自数据和模型，而数据来源本身就会引起隐忧。AIGC 的发展同样需要面对和解决数据问题。

首先是数据来源的问题。AIGC 并不会凭空创造出数据，其生成能力是以现有数据为基础的，而数据来源本身就可能会涉及侵犯他人著作权、肖像权、名誉权、个人信息等多项权利的风险。如果使用的数据是未经文字、照片、影视、短视频等作品著作权人授权和许可的，则涉及侵犯著作权的情况；如果生成的内容出现侮辱、诽谤等情况，可能对他人产生负面影响，涉及侵犯名誉权的问题；如果使用人脸等个人生物识别信息，也可能存在侵犯公民个人信息安全的风险。

再者是数据传输和保护的问题。以 ChatGPT 为例，用户在对话框中输入文字内容后，该内容首先会传输到 ChatGPT 的服务器上，随后 ChatGPT 才会给出相应回答，这些服务器可能部署在国外的某个机房中，在短暂的时间内数据就完成了多次跨境传输。用户在使用 ChatGPT 时很有可能无意间造成个人信息、隐私信息、商业秘密等信息的泄露。为此，微软、亚马逊等公司已经提出禁止员工对 ChatGPT

分享任何机密信息，防止出现泄露商业秘密的问题。而负有保密义务的用户在使用 ChatGPT 和类似的人工智能工具时，更应当注意保护隐私信息，以免出现泄密行为。

应对 AIGC 带来数据风险问题的首要路径是遵守相关法律法规，各国针对数据安全、个人信息保护都制定了相关的法律法规，我国的《网络安全法》、《数据安全法》及《个人信息保护法》等法律对数据及个人信息保护都做出了规定，在收集和使用数据时应该遵守相关规定。

法律具有滞后性，无法跟上技术发展的速度，生成式 AI 对原有法律规定也提出了挑战，例如，给备受关注的欧盟《人工智能法案》（AI Act）的出台和谈判增加了诸多困难。但是各国均在积极应对，出台政策或者法律规定，以保障网络用户的合法权益。2023 年 1 月 10 日，《互联网信息服务深度合成管理规定》正式施行，这是我国第一部针对深度合成服务治理的专门性部门规章，对深度合成服务提供者和技术支持者进行了规定，要求加强训练数据和技术管理，保障数据安全，不得非法处理个人信息。AI 合成平台必须要求内容创作者实名认证，监督创作者标明“这是由 AI 合成”之类的标识，避免公众混淆或者误认，并且要求任何组织和个人不得采用技术手段删除、篡改、隐匿相关标识。如提供合成人声、人脸生成等生物识别信息编辑功能的，应当依法告知被编辑的个人，并取得其同意。

在跨境传输数据方面，也有相应法律法规，数据传输方需要主动进行数据出境风险自评估，为数据出境申请必要的授权或许可，并定期评估和审计数据出境的情况，维护国家数据安全。此外，还可以通过强化数据安全治理的技术手段，加强技术研发、资产保护、隐私保障和数据加密；加强 AIGC 全生命周期的网络安全测评，强化安全框架，保持对系统的检查与对抗检测；明确监管责任，提高算法的透明性，加强算法问责，建立人工智能生成内容鉴别机制。

除了数据的问题，AIGC 也会带来著作权方面的争议。根据我国《著作权法》的规定，自然人和法律拟制的人是享有著作权和履行义务的主体。由此，AIGC 不能作为著作权的主体，但这也并不意味着 AIGC 创作的内容不受法律保护。目前观点认为，AIGC 生成的原创性内容，实际上是人机合作的智力成果，因此，人工智能创作内容完全可以认定为属著作权所保护的“作品”范畴，著作权归属于人工智能软件开发者。此前，在腾讯诉盈讯科技侵害著作权案中，法院认定腾讯公司开发的 Dreamwriter 智能写作助手生成的财经文章是腾讯公司主持创作的法人作品，保护了其著作权。这一判决有利于鼓励相关人工智能产品的创新发展。

如前所述，AIGC 创作是需要素材的，不可避免会涉及对他人享有著作权的作品的使用，而按照当前著作权法的要求，使用人使用相关作品时，必须获得权利人许可，支付相应的许可使用费。因此，AIGC 如未经许可使用作品，可能会陷入侵权困境。此类案例屡见不鲜。如 2023 年 1 月，全球知名图片提供商华盖创意（Getty Images）起诉 Stable Diffusion 的开发者 Stability AI，控告其未经许可对平台上数百万张图片进行窃取。2023 年 2 月，《华尔街日报》记者弗朗西斯

科 · 马可尼（Francesco Marconi）也公开指责，Open AI 公司未经授权大量使用路透社、《纽约时报》、《卫报》、英国广播公司等国外主流媒体的文章训练 ChatGPT 模型，但从未支付任何费用。

目前，一些国家和地区已尝试出台了关于“文本和数据挖掘例外”“计算机分析例外”等与 AI 使用作品相关的著作权侵权例外制度。在我国，根据“使用他人作品时应当取得著作权人的授权”的一般规定，AIGC 进行内容生成的过程中，应当审查素材数据库中是否存在受著作权保护的作品，对于相关作品，应当取得相关著作权人的授权，以避免陷入著作权侵权纠纷。

总体而言，虽然 AIGC 在数据安全和著作权等方面面临一定的风险和挑战，但其以巨大的实用性和灵活性为业务流程带来了不可替代的高效和不可逆转的变革。而且，随着 AIGC 的发展，越来越多的科技企业将会加入这一赛道，AIGC 也将在更多行业得到更广泛的应用。法律本身不应成为限制技术进步的桎梏，新技术的产生也势必会带来法律挑战。法律虽然具有滞后性，总体上落后于社会生活实际，但应该积极做出回应，促进科技进步，确保科技向善，助力行业发展，实现产业升级。

我们的工作机会还在吗？

ChatGPT 能够引发如此广泛而热烈的讨论，除了因为 AIGC 能够促进产业发生巨大的升级和转型，也因为我们对人类是否会被 AIGC 取代感到焦虑和担忧。人工智能专家李开复曾在 WISE 2016 独角兽大会上发表演讲，预测未来十年，世界上 50% 的工作都会被人工智能取代，包括翻译、记者、助理、司机、销售、客服、交易员、会计等。

2023 年 3 月 15 日，OpenAI 发布了 GPT-4，信息处理能力有了大幅提升：能接受图像和文本输入，输出文本回复，并且文字输入上限大幅提升，回答准确性显著提高；能够生成歌词、创意文本，实现风格变化；能够以特定的角色、风格回答问题，各项性能均飞跃式提升。GPT-4 已经在各种考试和测试中具有了相当程度的人类的水平，甚至超过了很多专业的大学生，例如它通过了模拟律师考试，且分数排在应试者的前 10% 左右（图 5-4）。

模拟考试	GPT-4 分数 / 总分以及排名	GPT-4（不含视觉） 分数 / 总分以及排名	GPT-3.5 分数 / 总分以及排名
统一律师考试（MBE+MEE+MPT）	298/400 前 10%	298/400 前 10%	213/400 前 90%
LSAT	163 前 12%	161 前 17%	149 前 60%
SAT 证据性阅读和写作	710/800 前 7%	710/800 前 7%	670/800 前 13%
SAT 数学	700/800 前 11%	690/800 前 11%	590/800 前 30%
Graduate Record Examination（GRE）数量	163/170 前 20%	157/170 前 38%	147/170 前 75%
Graduate Record Examination（GRE）文字	169/170 前 1%	165/170 前 4%	154/170 前 37%
Graduate Record Examination（GRE）写作	4/6 前 46%	4/6 前 46%	4/6 前 46%

图 5-4　GPT-4 在各种测试中的表现

数据来源：OpenAI, “GPT-4 Technical Report”

紧接着，微软发布了 Microsoft 365 Copilot，我们常用的 Office 办公软件都得到了 GPT-4 的加持：Word 可以写论文了，PPT 可以根据文案自动生成了，Excel 也不需要输入公式了，等等。虽然这些功能还在进一步测试中，尚未推广，但这意味着我们的日常办公方式将被永远改变。不少媒体惊呼：“微软这是要‘革’全世界打工人的命?！”

GPT-4 给很多行业和职业带来了极大的冲击，虽然具体的影响还需要时间去理解和消化，但无疑冲击是巨大的。已有不少人表现出消极态度：我们还有必要上大学吗？我们还有必要竞争各种资格吗？我们的工作机会还在吗？我们距离失业还远吗？

AIGC 能否取代内容创作者？

Q　ChatGPT 能取代人类吗

A　ChatGPT 是一个人工智能语言模型，虽然它在处理大量文本数据和语言任务方面表现出色，但是它并不能完全取代人类。ChatGPT 无法像人类一样体验和理解情感、创造性思考和判断道德问题，同时在处理复杂的现实世界问题方面也存在局限性。ChatGPT 是一种工具，可以辅助人类完成某些任务，但是它并不能代替人类。

图 5-5　ChatGPT 对自身能否取代人类的回答

如前所述，ChatGPT 的重要意义在于标志着人工智能从决策式过渡到生成式，在认识论上人工智能已经从知识阶段过渡到逻辑阶段，更加接近人类思维，也更符合各领域应用的需求。这不免给人们带来恐慌，尤其是内容创作者：AIGC 能否取代内容创作者？AIGC 会抢走内容创作者的“饭碗”吗？

AIGC 带来的职业焦虑是完全能够理解的，也是确实存在的。如果说智能机器人取代的是重复性的体力工作，那么 AIGC 取代的就是需要创造性的脑力工作。目前已经有互联网大厂尝试用 ChatGPT 自动生成业务代码和重构代码，也有设计师通过 ChatGPT 生成设计方案，再通过 Midjourney 等其他应用生成设计图稿。如图 5-6，AI 绘画生成器网站 6pen 预测，未来五年 10%~30% 的图片为 AI 生成或 AI 辅助生成，据此估算其市场规模可能超过 600 亿元。

不可否认，AIGC 降低了内容创作的门槛，让创作者的范围更加广泛，很多脑中有画面、心中有故事的人都可以借助 AIGC 工具来表

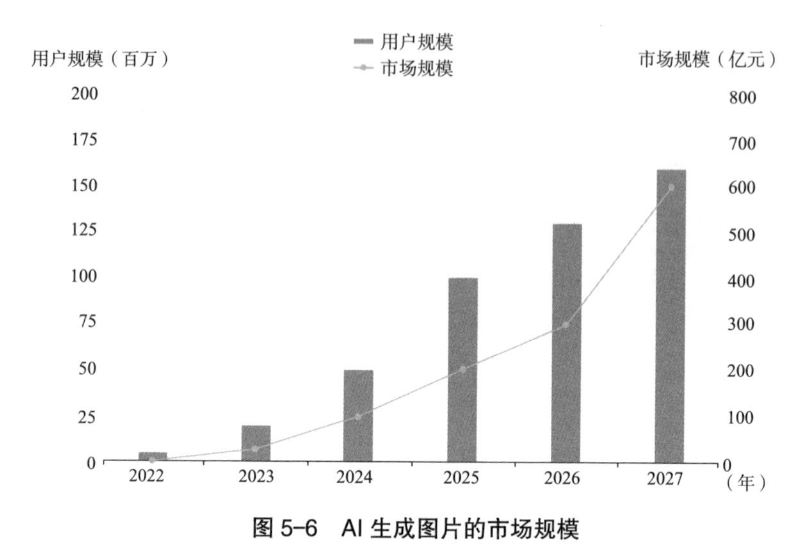

图 5-6　AI 生成图片的市场规模

图片来源：6pen，《中国 AI 绘画行业调查报告》

达自己了。而且，AIGC 了解任何领域，更像是一个创作全才，能够创作的领域和形式覆盖广泛。虽然 AIGC 创作的内容难以突破固有的瓶颈，不具有超越人类的新颖性，也可能出现错误，但是它的优势在于全面。像 ChatGPT 这样的 AIGC 应用在日常文字工作中还是十分有效的，尤其是针对重复、基础、有规律可循的内容，AIGC 可以替代人们完成很多烦琐的文案工作，诸如写报告、制表、检索等。这些文案内容创作要求较低，占用了创作者大量时间，AIGC 可以让人们从这些简单的内容生成中有效地解脱出来，提高工作效率。甚至面对编程、翻译等相对复杂的工作，AIGC 也已经达到了专业级的水平。

当然也有人提出质疑，认为 ChatGPT 生成的内容仍存在很多的错误和逻辑不清的情况，甚至会出现“幻想”，编造并不存在的内容，也无法精确到执行层面被直接应用。基于“共生则关联”的模型训练标准，ChatGPT 无法拥有人的逻辑思考能力以及道德伦理观念，很可能出现虚假关联或者机械拼凑，并且需要源源不断地更新素材，而素材的来源本身就可能存在法律风险，生成的内容也可能存在侵犯著作权的问题。还有人对 AIGC 的原创性提出质疑，认为 AIGC 生成的内容是批量生产的模式化内容，没有真正的创作力，距离真正意义上的作品还差得很远。在 2023 年首期“之江院士讲坛”上，中国工程院院士、浙江大学教授潘云鹤表示，ChatGPT 虽能博览群书、出口成章、迭代提高，但依然缺乏独创性。

爱奇艺前首席内容官、电视节目主持人马东曾在分享中提到，“内容与科技有本质的不同，它发自人心，解决人心的焦虑。我们通过技术手段去打开物质世界，但需要通过内容探索内心世界”。不同于人类创作的有感而发、情感由内而外的表达，AIGC 的创作来自素材和模型，通过分析海量素材，训练出特征和技巧，并将其应用于关联场景。由于素材本身也都已经是被创作出来的内容，受制于更新的速度和算力，AIGC 不具有主观能动性，难以创作出真正的新内容或者新风格。AIGC 也无法像人类一样传递情感，做不到与人类感同身受，创作的内容机械化、同质化，缺乏人性温度，在价值倾向或者情感传递等方面力不从心。如果 AIGC 的发展会牺牲人类的创造力，那绝不是人工智能技术发展的初衷。

现阶段，AIGC 会对内容创作者产生冲击，难以完全取代内容创作者，但可以对内容创作者进行辅助。在创作者创作前，AIGC 可以迅速计算出信息，搭建好内容框架，或者针对一个主题生成现有的内容模式和创作策略，以启发创作者，供其参考。这可以减少创作者构思和进行基础性创作的时间，也可以使得创作者快速了解创作领域的情况，更加注重内容的创意性、新颖性或者情感价值部分，极大地提升了创作者的创作效率，缩短了创作周期。例如，程序员通常需要花大量时间构建代码，由于编程环境中很多功能的写法是有定式的，所以 AIGC 可以大大缩短这种类型代码的写作时间，提高程序员的生产效率，使程序员可以将更多时间放在理解需求和构思框架上，从而节省执行层面的时间。

AIGC 也会助力企业的创作成本大大减少，尤其是相关的人力成本，这必然会对内容创作者产生冲击，需要内容创作者创作速度更快、创作质量更高，水平在 AIGC 应用之上。但是，内容创作者也应该直面 AIGC，将其当作创作的帮手，训练其更好地辅助创作，将自己从基础工作中解放出来，突破创作瓶颈，从而提高内容创作的生产力和质量。

人工智能会取代谁？

人工智能是否会引发失业，是一个长期以来都被关注的话题，ChatGPT 的横空出世，只不过是加剧了这种担忧。

不可否认，随着人工智能模型和硬件的提升，很多创造性低的工作将会被人工智能替代。但是，人工智能会取代谁？关于这一点，还得具体问题具体分析。人工智能对不同行业的渗透程度差异很大，各行业的算法模型、商业化程度、投资回报都不相同。例如，在零售、金融、安防等应用领域，人工智能已经比较成熟，可以实现商用及规模效应，可以进行策略制定并自动执行；在工业、教育、政务等应用领域，人工智能已经广泛应用，起到辅助性作用，效率得到有效提升；在交通、出行、医疗、文娱等应用领域，人工智能已经显现价值，但具体的应用仍需要进一步探索。人工智能在不同应用领域中起着不同的作用，渗透程度越深的行业，其从业者越容易被人工智能取代。而且，成本也是一个考虑因素，人力、算力等人工智能应用的成本仍相对较高，后期维护也需要投入人力和费用，还受制于法律和伦理的约束。

剑桥大学研究者卡尔·弗雷（Carl Frey）和迈克尔·奥斯本（Michael Osborne）在分析人工智能对人力的可替代性时，引入了三个维度：社交智慧、创造力、感知和操作能力（图 5-7）。根据这三个维度，他们对美国 702 类职业可能被人工智能替代的概率进行了估计。结果显示，在这些职业中，有 47% 的职业可能在未来 20 年中受到人工智能的巨大冲击，涉及的人达到数千万。他们还分析了职业可能被替代的概率同职业从业者的受教育程度之间的关系，结果显示那些容易被替代的职业通常也是对技能和受教育程度要求更低的职业。

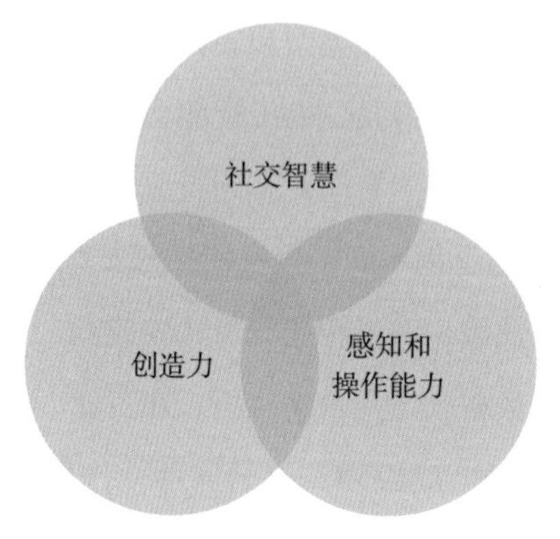

图 5-7　人工智能对人力可替代性的三个维度

我们分别来看一下社交智慧、创造力、感知和操作能力这三个维度。社交智慧指的是人和人交互的技能，包括同理心、谈判能力、社交洞察力等情感能力，对应的职业主要是教师、销售、心理咨询师、管理人员、社工等；创造力指的是原创能力和艺术审美能力，对应的职业主要是艺术家、作家、研发工程师等；感知和操作能力指的是手指灵敏度、协调操作能力和应付复杂工作环境的能力，包括专业能力、行业经验、工作效率、完成效果等，对应的职业主要是律师、医生、司机、美发师、急救人员、电工等。人工智能在处理不面对人、创新性和变通性较低的工作时，效率更高、稳定性更好，而面对需要情感交互、相对复杂场景或者需要创新性较高的工作时，就表现得不那么令人满意了。

人工智能模拟的是人脑，但又不同于人脑。人工智能与人脑的相似点在于通过对过往的分析习得规律、得出结论，只是分析过往数据的过程与人脑是不同的。AI 与人脑的竞争也在于“有迹可循”的规律，面对规律性强的工作，AI 会表现出优势。因此，不难得出结论：面对事情本身的、重复性高的、有迹可循的、需要具体执行的工作最容易被人工智能取代；而需要面对人的、对创新性要求高的、情感交互多的、对专业经验要求多的、需要展现情感交流价值和领导力的工作最难被人工智能取代。

其实，真正能够被人工智能取代的工作很少，但是绝大部分职业都会受到影响。目前人工智能仍然只能完成部分工作，在很多环节还只是起到辅助性作用。但是它会提升效率，让我们从重复性的工作中解脱出来，对于部分技术要求低且重复劳动类职业，如数据录入、电话客服等，人工智能的工作表现已经十分突出了。但是对于人工智能是否能真正取代我们的工作，还应该理性对待，人工智能在很多领域带来的是岗位数量的调整。人工智能也会在产业升级中创造新的产品和市场，从而创造出新的岗位和就业机会，例如算法工程师、人工智能产品经理、提示词工程师、人工智能创意师、人工智能调校师等职业，这些职业的需求和数量也将逐步上升。普华永道 2018 年 12 月发布的《人工智能和相关技术对中国就业的净影响》估算，未来 20 年，中国现有约 26% 的工作岗位将被人工智能及相关技术取代，但是人工智能及相关技术通过提高生产率和实际收入水平，能够产生约 38% 的新工作岗位，最终将净增约 12% 的工作岗位。因此，人工智能带来的是对职业结构的影响。

我们该怎么办？

“君子生非异也，善假于物也。”纵观人类的历史，就是工具化日益增强的历史。远古时期，人们偶然发现了“天火”；到石器时代，我们的祖先开始使用简单的木棒、石头；到农业革命时期，人们驯化牲畜、培育作物，诞生了农耕文明。后来，人们又经历了三次工业革命：蒸汽时代，蒸汽机改变了交通运输的速度，纺织机提高了工人的工作效率；电气时代，电力、钢铁、铁路、化工、汽车等重工业兴起；信息时代，计算机的诞生更是带来了翻天覆地的变化，全球信息和资源交流变得更为便捷。通过创新工具、解放生产力，人类从茹毛饮血到现在设计模型驾驭人工智能，一路从刀耕火种走到信息时代。2013 年，在德国汉诺威工业博览会上，德国第一次提出“工业 4.0”的概念，之后美国提出了“再工业化”，中国提出了“中国制造 2025”，这些宣示着第四次工业革命的开始，人类进入智能革命时代。如今 ChatGPT 和 GPT-4 出现，人工智能爆炸式发展，全球进入人工智能的大加速时代。

人类的发展离不开各种工具的革新，如果没有这些工具，我们还在大自然的物竞天择中面临生存问题，而人类之所以能产生伟大的文明，也在于善于利用工具。我们每个人的成长，从嗷嗷待哺到独立行走，从学习知识到职业发展，也都是和各种工具息息相关的。比如你是数据科学家，就需要不断掌握新的模型和应用。当然工具是在进步的，我们和工具之间也是不断互动、相互促进的。在这个过程中，工具能够被进一步开发和创造，我们的劳动力也能够被进一步解放，激发出更大的发展和创造空间，这也正是我们进行工具创新的意义所在。

AIGC 也是一场以数据为驱动、以提升生产力为目的的技术变革。作为研究和探索人工智能领域二十余年的从业者，我对于人工智能始终是乐观并充满信心的。人工智能带来的生产力和生产关系的改变势不可当，在这个过程中，我们必须保持一种开放的心态。对于人工智能给职业带来的影响感到焦虑大可不必，与其说人工智能将取代从业者，不如说它完成的是枯燥繁重的工作内容，它淘汰的不是人类，而是落后的生产力。对大部分人来说，人工智能不是竞争对手，而是我们的工作伙伴，它将成为必要的生产要素，使生产力倍增。我们应该做的是训练和使用人工智能，让人工智能为我所用，Work with AI（与人工智能一起工作）！

当然，每一项新兴工具诞生之后，都必然经历一个从边缘产物到主流趋势的过程，一开始可能会面临质疑和非议，但在一次次打磨、提升并创造价值后，便登上了某个领域的顶峰。AIGC 的落地和应用还有待进一步探索，其技术本身也在不断迭代和进步。对我们每个个体而言，更应该做的是提升认知，充分认识到与人工智能共存是未来的必然趋势。人工智能是这一时代的产物，与其担忧它带来的诸多问题，不如拥抱并且掌控它。

首先，应该拥有 AI 思维。所谓 AI 思维，本质是一种“数据驱动”的思维，就是从大量数据中形成模型，进而对未知情况做出最佳预测。在 AIGC 的应用中，则是从大量数据中形成模型，自动生成全新的内容。不管是决策式 AI 模型还是生成式 AI 模型，其基础逻辑都是一致的，只靠逻辑和经验难以推导，需要海量的数据进行训练。我们需要理解 AI 思维的底层逻辑，其基础在于数据，核心在于模型，实现在于算力，具体应用在于业务场景。拥有 AI 思维能够避免经验主义带来的主观、片面和限制，具有积极的意义。

其次，应该拥有 AI 工具思维。所谓工具思维，就是善于利用工具，通过工具赋能，从而解决问题、提高效率、解放劳动力。而 AI 工具思维，就是掌握数据化思维，掌握使用 AI、训练 AI 的方法。AIGC 技术的发展已经不可逆转，与其消极对待，不如使之为我所用。我们要理解 AI 的底层逻辑，在工作和生活中使用 AI，挖掘 AI 技术的工具价值，并训练 AI 具有更强的适配性，为我们的工作和生活带来更大的便利，将我们从繁杂的事务中解放出来。未来，我们人人都可以是 AI 的使用者和训练师。

后记

三年前的这个时候，我创作的第一本书《AI 思维：从数据中创造价值的炼金术》出版了。彼时我的儿子刚刚一岁半，还是这个世界的“新来者”，刚刚具备独立行走的能力，能够听懂语言指令并用肢体表达自己的需求和情绪。他喜欢观察这个世界，但还并不能够完全掌握语言表达能力。但如今，他已经成长为一名小朋友，可以认识数字、字母和少量汉字，学会了一些生活技能，具备了社交能力，语言能力也大幅提升，已经会讲故事了。而和他一样，在这三年中，人工智能也经历了“爆炸般”的成长，生成式 AI 俨然成为一种主流范式，不仅增强了感知能力和认知能力，还可以进行一定的逻辑推理和内容创作，简直跟幼儿的成长别无二致。数据经过处理成为信息，信息通过提炼沉淀成知识，生成式 AI 学习的目标是来自全世界的知识，而它也已经初步具有了逻辑能力，可以创造出新的内容。

《AI 思维》出版后，我接触过许多有 AI 需求的企业，总的来说，它们普遍对 AI 期待很高，但实际的产出效果可能并不尽如人意，或者需要投入较高的成本去反复迭代优化。AI 的痛点是不够智能，具体而言，AI 缺乏正常人的通识，其模型只能做特定的事情，而不同业务场景需要定制化开发，这也是存在了很长时间的行业痛点，ChatGPT 的发布让我们看到了解决这个问题的希望。通过自然语言处理技术，AI 能够学习人类的语言，也就能掌握人类的大部分知识和逻辑能力。ChatGPT 和其后的 GPT-4 让我们看到了强人工智能的影子。要知道，人类的视觉系统进化了数亿年，听觉系统也进化了数十万年，人类从诞生到学会说话经过了 3500 万年，从学会说话到掌握语言经历了 18 万年，因此通过人工系统去模拟它们的难度可想而知。但是，如果真正发明了具有通识的基础大模型，在此基础上“微调”得到各种专业技能的模型并不会太困难，只需要我们深入了解行业并和行业结合，就可以为其赋能。

我和人工智能最早的接触源于阅读关于神经网络的书籍，那个时代正值神经网络的低谷，但也是我建立对人工智能认知和信念的起点。近些年的 Transformer、Diffusion、GPT 等神经网络架构均蕴含了对数据本质属性的理解。虽然世界如此复杂，人类感官和语言的进化时间也非常长，但这些最新的神经网络竟能够抽丝剥茧、化繁为简，通过人类可及的算力，模拟我们在如此复杂的世界中形成的感官能力和语言能力，为我们创造更智能的模型和系统提供了底层支持。

在人工智能快速发展的当下，我希望本书能够为想要了解生成式 AI 的人们提供一些启示。生成式 AI 将深入我们的生活，影响甚至改变我们的思维方式、创作过程、教育模式和工作流程等。

最后，我想要感谢我从事人工智能工作以来，指导和帮助过我的师长、同事和合作伙伴，以及一同在这条路上探索的各位同人。在本书的写作过程中，张亚光、张凯璇、高欢提供了大力协助，在此表示衷心的感谢。

对于人工智能，无论你是持拥抱的态度还是抵触的态度，都不可否认未来已来，人工智能时代已经到来，日后和你隔着屏幕聊天、为你拍摄电影、与你一起工作的都有可能是人工智能。和历次工业革命一样，在人工智能的推动下，我们正在经历新一轮的生产力提升，并将迎来新的文明阶段。虽然前路漫漫，道阻且长，但愿全力以赴，不负韶华。

欢迎交流讨论，请联系：aigcbook@163.com。

参考资料

1. Introducing ChatGPT.https://openai.com/blog/chatgpt.
2. ChatGPT 只是开始：企业生成式 AI 的未来 .https://www.gartner.com/cn/information-technology/articles/beyond-chatgpt-the-future-of-generative-ai-for-enterprises.
3. 红杉资本 .Generative AI: A Creative New World.
4. 国际数据公司 . 数据时代 2025.
5. 2022 人工智能全景报告！ AI 芯片火爆，元宇宙、生命科学深度融合 .http://news.sohu.com/a/573380016_121299481.
6. 人工智能专题报告：生成式 AI，人工智能新范式，重新定义生产力 .https://xueqiu.com/1185816882/241577758.
7. 新春伊始：从 CHAT-GPT 到生成式 AI，人工智能新范式 .https://www.sohu.com/a/636242397_121634652.
8. 被 ChatGPT 带飞的 AIGC，能为垂直产业做些什么？ https://tech.ifeng.com/c/8NRxAaN46Eb.
9. 王霜奉 .AIGC 带来内容生产方式变革 . 上海信息化，2022 年 11 期 .
10. 李强 .AIGC 潮涌：喧嚣过后前路何往 . 21 世纪经济报道，2023-02-13.
11. 从内容到技术，AIGC 的升华敲开五大新应用场景，细分赛道受益股一览（名单）.https://xueqiu.com/5822120884/241803015.

12. Alec Radford, Karthik Narasimhan, Tim Salimans,et al.Improving Language Understanding by Generative Pre-Training.2018.
13. Alec Radford, Jeffrey Wu, Rewon Child,et al.Language Models are Unsupervised Multitask Learners.2019.
14. Long Ouyang, Jeff Wu, Xu Jiang,et al.Training language models to follow instructions with human feedback.NeurIPS,2022.
15. Tom B. Brown, Benjamin Mann, Nick Ryder,et al.Language Models are Few-Shot Learners.NeurIPS,2020.
16. OpenAI.GPT-4 Technical Report.2023.
17. Sébastien Bubeck, Varun Chandrasekaran, Ronen Elda,et al. Sparks of Artificial General Intelligence: Early experiments with GPT-4. 2023.
18. “中文版 GPT–3”来了：会算术、可续写红楼梦，用 64 张 V100 训练了 3 周 .https://www.thepaper.cn/newsDetail_forward_10039031.
19. Runway！ AI 技术＋视频制作的新一代视频内容生成工具 .https://www.uisdc.com/runway.
20. AI 绘画捧红多个独角兽企业，公司估值飙升 10 倍达 76 亿 .https://new.qq.com/rain/a/20221026A06K7M00.
21. ChatGPT 背后的超神模型：GPT–1 到 GPT–3.5 是如何演化的？ https://new.qq.com/rain/a/20221214A07LRG00.
22. 男主保罗死后,《速度与激情 7》是怎样拍完的？ https://www.sohu.com/a/10774083_118844.
23. 从决策式 AI 到生成式 AI，人工智能发展的技术路线是什么？ https://mp.weixin.qq.com/s/IDANbafgKuizNI7ihapBBQ.
24. 我国首部 AIGC 生成完整情节漫画（插画）问世元宇宙 .https://news.sina.com.cn/sx/2023-02-23/detail-imyhryyx1788418.shtml.
25. 画师地位不保？ AI 作画掀起 AIGC 领域新浪潮 !http://news.sohu.com/a/619169558_121473094.
26. 首个虚拟偶像 AIGC 歌曲来了！文心大模型助力对话交互式搜索创新 .https://view.inews.qq.com/a/20220615A09PBT00.
27. Netflix 首支 AIGC 动画片开播，小冰做的 .https://new.qq.com/rain/a/20230201

A03K6R00.

28. 英伟达推出3D模型智能生成应用Magic3D，数字化建模迈入AI时代.https://new.qq.com/rain/a/20230204A00V2E00.
29. CES 使用生成式 AI 快速生成虚拟世界的 3D 资产.https://www.163.com/dy/article/HQB7AM9Q0552BFKV.html.
30. AI 遇到时尚 时装有了新表情.https://m.gmw.cn/baijia/2023-02/20/36378906.html.
31. “群核科技（酷家乐）”宣布成立 AIGC 实验室，侧重 3D 场景.https://36kr.com/p/2143079551289861.
32. AIGC 应用持续升温！ aiXcoder 代码生成大模型正式开放 API 接口，开发者可共建智能编程工具.https://www.sohu.com/a/645504858_104421.
33. “怪胎”ChatGPT 的前世今生，以及未来.https://www.sohu.com/a/615907251_121124372.
34. “中国版”ChatGPT 能干啥？百度、阿里都来了，应用方向各显神通.http://news.hexun.com/2023-02-09/207767700.html.
35. 中美“狂飙”ChatGPT，一文读懂超20家科技巨头最新布局.http://finance.jrj.com.cn/tech/2023/02/09121237325932.shtml.
36. Ian Goodfellow,Yoshua Bengio,Aaron Courville. 深度学习. 北京：人民邮电出版社，2017.
37. 周志华. 机器学习. 北京：清华大学出版社，2016.
38. Michael Nielsen. 深入浅出神经网络与深度学习. 北京：人民邮电出版社，2020.
39. 姚期智. 人工智能. 北京：清华大学出版社，2022.
40. David Foster. 生成式深度学习. 北京：中国电力出版社，2021.
41. Wenju Xu, Chengjiang Long, Ruisheng Wang,et al.DRB-GAN: A Dynamic ResBlock Generative Adversarial Network for Artistic Style Transfer.ICCV2021.
42. Noelia Ferruz,Steffen Schmidt,Birte Höcker.A Deep Unsupervised Language Model for Protein Design.Nature Communications, 2022.
43. ChatGPT“石破天惊”，下一个 AI 杀手级应用在哪.https://www.163.com/dy/article/HULKFF1R0539JGBD.html.

44. Beautifully Illustrated: NLP Models from RNN to Transformer.https://towardsdatascience.com/beautifully-illustrated-nlp-models-from-rnn-to-transformer-80d69faf2109.
45. 丁磊 .AI 思维：从数据中创造价值的炼金术 . 北京：中信出版社，2020.
46. David E. Rumelhart, James L. McClelland. Learning Internal Representations by Error Propagation.MIT Press, 1987.
47. Sepp Hochreiter, Jürgen Schmidhuber.Long Short-Term Memory.Neural Computation,1997.
48. Yann LeCun, Lon Bottou, Yoshua Bengic,et al.Gradient-Based Learning Applied to Document Recognition.Proceedings of the IEEE,1998.
49. Ian Goodfellow, Jean Pouget-Abadie, Mehdi Mirza,et al.Generative Adversarial Nets.NIPS,2014.
50. Kuntal Ganguly. GAN：实战生成对抗网络 . 北京：电子工业出版社，2018.
51. Ashish Vaswani, Noam Shazeer, Niki Parmar,et al.Attention Is All You Need. NIPS,2017.
52. Jascha Sohl-Dickstein, Eric A. Weiss,Niru Maheswaranathan, et al.Deep Unsupervised Learning using Nonequilibrium Thermodynamics.ICML,2015.
53. Alexey Dosovitskiy, Lucas Beyer, Alexander Kolesnikov,et al.An Image is Worth 16x16 Words: Transformers for Image Recognition at Scale.ICLR,2020.
54. AI 生成艺术的底层原理：非平衡物理的扩散模型 .https://swarma.org/?p=39798.
55. The recent rise of diffusion-based models.https://deepsense.ai/the-recent-rise-of-diffusion-based-models/.
56. DALL · E: Creating images from text.https://openai.com/research/dall-e.
57. Aditya Ramesh, Mikhail Pavlov, Gabriel Goh,et al. Zero-Shot Text-to-Image Generation. ICML,2021.
58. What are Diffusion Models.https://lilianweng.github.io/posts/2021-07-11-diffusion-models/.
59. Robin Rombach,Andreas Blattmann,Dominik Lorenz,et al.High-Resolution Image Synthesis with Latent Diffusion Models.CVPR, 2022.
60. 生成式 AI，那些获得客户和投资人认可的产品是什么样的？ https://www.

sohu.com/a/612764631_621617.
61. 国内首个 AI 生成内容检测工具——AIGC-X 正式开始公测 .https://finance.sina.com.cn/jjxw/2023-03-03/doc-imyipzuv7736991.shtml.
62. 金融科技趋向智能化，智搜写作机器人落地研报自动化写作 .https://qiye.chinadaily.com.cn/a/202103/18/WS60532701a3101e7ce9744a74.html.
63. GitHub Copilot 全新升级，工作效率提升 55%.https://www.sohu.com/a/643231452_453160.
64. AIGC 应用持续升温！ aiXcoder 代码生成大模型正式开放 API 接口，开发者可共建智能编程工具 .https://www.infoq.cn/article/KJwyZy7rFdZwbumRMHty.
65. 科幻文学-元宇宙原力引擎重装上阵 .https://www.yuanyuzhoujie.com/2022/0919/11359.shtml.
66. AIGC：人工智能下一个风口？ .https://www.sohu.com/a/619058617_120809910.
67. 录一段人声即可生成 AI 歌手让你轻松飙高音 .https://finance.sina.com.cn/tech/2022-05-28/doc-imizirau5193054.shtml.
68. 让米粉为之疯狂的声音克隆技术：深声科技如何用 90 秒录音克隆出你的声音？ .https://www.leiphone.com/category/industrynews/UlCc7Mx2jTPLmgB3.html.
69. 这个网站只要录音 1 分钟，就能克隆出你的声音 .https://www.geekpark.net/news/231092.
70. MuseNet 官网 .https://openai.com/research/musenet.
71. AIGC 的应用之影视，拓展空间，提升质量 .https://new.qq.com/rain/a/20221214A005JF00.
72. 人工智能为电影注入丰富可能 .http://scitech.people.com.cn/n1/2020/1019/c1007-31896888.html.
73. 马斯克点赞！ DeepMind 神 AI 编剧，一句话生成几万字剧本 .https://new.qq.com/rain/a/20221211A02WQ200.
74. 海马轻帆官网 .https://www.haimaqingfan.com.
75. 可能是国内第一部 AI 换脸电视剧，这效果我惊呆了 .https://www.thepaper.cn/newsDetail_forward_6653457.
76. AI 修复老片又快又好，但还取代不了专业修复师 .https://www.thepaper.cn/newsDetail_forward_7392892.

77. AI 剪辑大阅兵 .http://www.zgjx.cn/2020-10/21/c_139454087.htm.
78. 自然语言对话未来发展丨数据堂 .https://www.163.com/dy/article/HHQBJBP30518B55B.html.
79. Charisma 官网 .https://charisma.ai/about.
80. Arrowmancer 官网 .https://www.arrowmancer.com.
81. Hidden Door 官网 .https://www.hiddendoor.co.
82. 游戏中的生成式 AI 革命 .https://new.qq.com/rain/a/20230222A02JH900.
83. 7 年资深游戏美术设计师：AI 真好用，幸好还不够好用 .https://new.qq.com/rain/a/20230225A005PM00.
84. 游戏公司精确测算：在真实项目中采用 AI 画图节省了 80% 美术成本！ .http://www.gamelook.com.cn/2023/03/511309.
85. 10 个经典游戏创意：以前的 NPC 居然这么蠢萌！ .https://www.sohu.com/a/128291064_501093.
86. Demo 演示“游戏智能 NPC”，AI 已经能嘲讽人类了？ .http://www.gamelook.com.cn/2021/03/434604.
87. Hidden Door Launches AI Game Platform to Build the Narrative Multiverse. https://www.businesswire.com/news/home/20220316005334/en/Hidden-Door-Launches-AI-Game-Platform-to-Build-the-Narrative-Multiverse.
88. 游戏研发用 AI 能降多少美术成本？大厂纷纷入局 AI 团队搭建，网易推出国内首个游戏版 ChatGPT.https://www.sohu.com/a/648383533_121119410.
89. 朝夕光年无双工作室的游戏 AI 探索之路 .https://games.sina.com.cn/2022-01-07/detail-i-ikyakumx8890557.shtml.
90. AI 专题报告之二：AIGC 将开启新一轮游戏产业变革：从“上网”到“上算” 由“网络世界”至“虚拟现实 .http://stock.finance.sina.com.cn/stock/go.php/vReport_Show/kind/lastest/rptid/729869030844/index.phtml.
91. AI USE CASE: How a mobile game development studio saved $70K in expenses. https://gameworldobserver.com/2023/01/27/ai-use-case-how-a-mobile-game-development-studio-saved-70k-in-expenses.
92. AI CASES 官网 .https://ai-cases.com/ai-for-manufacturing/generative-design.
93. CALA 官网 .https://ca.la/.

94. GENERAL MOTORS:Driving a lighter, more efficient future of automotive part design..https://www.autodesk.com/customer-stories/general-motors-generative-design.
95. Generative Design: Using Artificial Intelligence to Design Lightweight Structures. https://scanalyst.fourmilab.ch/t/generative-design-using-artificial-intelligence-to-design-lightweight-structures/2993/1.
96. 设计师用 AI 生成建筑，甲方看完不淡定了！ ｜ 雨片街方案生成实践 .https://www.sohu.com/a/607863678_121124407.
97. 制药界的“ChatGPT”，首个由生成式人工智能设计的新冠口服药获批进入临床 .https://www.163.com/dy/article/HUES6PGF05318Y5M.html.
98. 生物界的 ChatGPT：ProGen——开启人工智能设计蛋白质的新时代 .https://www.yeasen.com/news/detail/1242.
99. 加速药物研发流程！英伟达推出生成式 AI 服务，新增 6 个开源模型 .https://tech.ifeng.com/c/8ON2ESuEPU6.
100. Yan A. Ivanenkov, Alex Zhebrak, Dmitry Bezrukov et al.Chemistry42: An AI-based Platform for de novo Molecular Design. 2021.
101. 探秘上汽大众新能源汽车工厂“工业 4.0”智能制造原来是这么一回事 .https://www.eet-china.com/mp/a36550.html.
102. 工业 4.0 产业现状典型案例研究（一）——纵向集成 .https://www.sohu.com/a/282589652_686936.
103. 高精度高负载，ABB 推出其最小工业机器人 .https://new.abb.com/news/zh-CHS/detail/96351/abb-irb1010-small-robot.
104. Anthony Brohan, Noah Brown, Justice Carbajal, et al.RT-1: Robotics Transformer for Real-World Control at Scale. 2022.
105. Xingyu Liu, Kris M. Kitani.V-MAO: Generative Modeling for Multi-Arm Manipulation of Articulated Objects. *CoRL*, 2021.
106. Shuanlong Niu,Bin Li,Xinggang Wang et al.Regionand Strength-Controllable GAN for Defect Generation and Segmentation in Industrial Images.*IEEE Transactions on Industrial Informatics*, 2022.
107. Gökhan Yildirim, Nikolay Jetchev, Roland Vollgraf et al.Generating High-

Resolution Fashion Model Images Wearing Custom Outfits.ICCV 2019.
108. 蓝色光标销博特发布 2022 年“元”创版，营销策划协作创新 .https://finance.sina.cn/2022-01-24/detail-ikyamrmz7182101.d.html.
109. AI 预算规划和评估：丢掉水晶球，通过高级 AI 获得清晰的营销预算 .https://business.adobe.com/cn/products/experience-platform/planning-and-measurement.html.
110. Adobe 加入 AIGC 战局：推出图片生成 AI 版权优势成为大杀器 .https://finance.sina.com.cn/jjxw/2023-03-21/doc-imymscsn3070667.shtml.
111. 腾讯混元 AI 大模型落地广告投放，显著降本增效背后，三大技术引擎揭秘 .https://new.qq.com/rain/a/20220621A04XJ000.
112. 百应科技 AI 结合 ChatGPT，打造极致的智能对话体验 .https://news.iresearch.cn/yx/2023/02/461164.shtml.
113. 出道即成现象级虚拟主播，令颜欢做对了什么 .https://m.36kr.com/p/2145874334533896.
114. 双十一虚拟人带货，你会“剁手”吗 .https://www.thepaper.cn/newsDetail_forward_20660222.
115. Iván Vallés-Pérez, Emilio Soria-Olivas, Marcelino Martínez-Sober et al.Approaching Sales Forecasting Using Recurrent Neural Networks and Transformers. *Expert Systems with Applications*, 2022.
116. Tan Wan, L. Jeff Hong.Large-Scale Inventory Optimization: A Recurrent-Neural-Networks-Inspired Simulation Approach.*INFORMS Journal on Computing*, 2022.
117. 刘宝红，赵玲 . 供应链的三道防线：需求预测、库存计划、供应链执行 . 北京：机械工业出版社，2018.
118. 2023 年从 ChatGPT 等生成式 AI 的算力开销及商业化潜力，看微软和谷歌面临的挑战 ChatGPT 的基本概念及原理 .https://xueqiu.com/6351082895/243814164.
119. 传统客服压力山大，如何应用智能客服打造直击痛点的解决方案 .https://www.163.com/dy/article/H9DPFE990511805E.html.
120. 3 Ways Generative AI Will Reshape Customer Service.https://www.salesforce.com/blog/three-ways-service-impact-generative-ai.

121. Salesforce Announces Einstein GPT, the World's First Generative AI for CRM.https://www.salesforce.com/news/press-releases/2023/03/07/einstein-generative-ai.
122. Introducing Fin: Intercom's breakthrough AI chatbot, built on GPT-4.https://www.intercom.com/blog/announcing-intercoms-new-ai-chatbot.
123. Why Einstein GPT Marks the Next Big Milestone in Salesforce's AI Journey. https://www.salesforce.com/news/stories/salesforce-ai-evolution.
124. 百度 AI 开放平台 .https://ai.baidu.com/solution/cskb.
125. Sonya Huang, Pat Grady, GPT-3. Generative AI: A Creative New World. https://www.sequoiacap.com/article/generative-ai-a-creative-new-world.
126. 先用 ChatGPT 革自己的命，然后干翻所有人 .https://www.thepaper.cn/newsDetail _forward_22177677.
127. 国海证券：AIGC 将开启新的内容生产力革命 为传媒行业发展提供新动力 .http://stock.10jqka.com.cn/20230303/c645264139.shtml.
128. 6pen. 中国 AI 绘画行业调查报告——技术，用户，争议与未来 .2022.
129. 杜雨，张孜铭 . AIGC：智能创作时代 . 北京：中译出版社，2023.
130. 王培，刘凯 . 通用人工智能导航：AGI 的历史与现状 .https://www.jiqizhixin.com/articles/ 2018-11-15-6.
131. 从 ChatGPT 看 AIGC 的法律风险及合规应对 .https://www.zhonglun.com/Content/2023/03-03/1155067160.html.
132. 业务流程将因生成式 AI 变革，ChatGPT 引领的 AIGC 正在改变组织运营 .https://www.tmtpost.com/6409269.html.
133. 对话式 AI 里的人机协作与决策智能 . https://www.163.com/dy/article/HP4B4P1J055612B3.html.
134. 陈永伟 . 超越 ChatGPT：生成式 AI 的机遇、风险与挑战 . 山东大学学报（哲学社会科学版），2023 年 3 月 .
135. 孙伟平 . 人机之间的工作竞争：挑战与出路——从风靡全球的 ChatGPT 谈起 . 思想理论教育，2023 年 3 月 .
136. 郑世林，姚守宇，王春峰 .ChatGPT 新一代人工智能技术发展的经济和社会影响 . 产业经济评论，2023 年 3 月 .